全球海洋治理体系研究

陶莎莎　著

东北大学出版社

·沈　阳·

图书在版编目（CIP）数据

全球海洋治理体系研究／陶莎莎著. --沈阳：东北大学出版社，2024. 8. --ISBN 978-7-5517-3565-0

Ⅰ. P7

中国国家版本馆 CIP 数据核字第 202452ZQ22 号

出 版 者：东北大学出版社
　　　　　　地址：沈阳市和平区文化路三号巷 11 号
　　　　　　邮编：110819
　　　　　　电话：024-83683655（总编室）
　　　　　　　　　　024-83687331（营销部）
　　　　　　网址：http://press.neu.edu.cn
印 刷 者：辽宁一诺广告印务有限公司
发 行 者：东北大学出版社
幅面尺寸：170 mm×240 mm
印　　张：6.5
字　　数：117 千字
出版时间：2024 年 8 月第 1 版
印刷时间：2024 年 8 月第 1 次印刷
责任编辑：石玉玲
责任校对：汪彤彤
封面设计：潘正一
责任出版：初　茗

ISBN 978-7-5517-3565-0　　　　　　　　　　定　价：58.00 元

　　海洋与人类的生存和发展息息相关。海洋面积占地球总表面积的71%，约3.6亿平方千米，包括大洋、海、海湾、海峡等。因此，地球也被称为"蓝色星球"。全球接近4/5的国家（或地区）拥有海岸线，而超过2/3的人口居住在距海岸200千米内的区域。海洋对地球生态系统的平衡运转和气候调节起到了重要作用。同时，海洋也是生物、矿产、稀土、石油、天然气等宝贵自然资源的重要储藏地。

　　在远古时代，海洋的主要作用是"兴鱼盐之利，行舟楫之便"。古希腊人和古罗马人将海洋视为"无主物"，认为海洋不属于任何人。地理大发现后，海洋成为联通世界的航海通道，海洋的控制权成为西欧海上强国争夺的焦点。这些海上强国利用海洋通道，借助强大的海军和坚船利炮打开了世界贸易的大门，不断对外进行殖民扩张和扩大商业贸易，极大地促进了本国资本主义经济的发展。为了加强对原料产地、殖民地和海洋通道的三重控制，这些国家开始争夺海洋的主导权和控制权，海洋的主权意识逐渐萌生。随着科技进步和人类对海洋经济价值认识的加深，各国对海洋控制权、战略通道的争夺转变为对海洋本身的争夺。此后，人类开启了海洋大开发的时代。然而，对海洋的过度开发和利用，带来了严重的环境污染、海洋灾害和生态危机等全球性挑战，全球海洋治理也应运而生。人类开始反思，海洋的可持续发展理念随之出现。该理念关注人类活动对海洋的不利影响，倡导保护海洋和合理利用海洋，最终实现海洋的可持续发展。

　　人类对海洋的认识，经历了从探索海洋、开发海洋、利用海洋到保护海洋的漫长过程。全球海洋治理并非自古就有。在古代，世界各地彼此隔绝，尚未萌生"全球"的概念。直至近代，海洋航道的开辟使世界各地开始相互联结，形成一个整体，"全球"的概念才应运而生。因此，全球海洋治理产生的背景是随着全球化的深入发展，人类对海洋的过度开发和利用导致了一系列海洋问题。

全球海洋治理的兴起旨在应对并解决全球范围内的海洋问题。全球海洋治理是一个多维度、综合性的系统工程，从问题维度划分，分为海洋环境问题、海洋资源问题、海洋安全问题、海洋文化问题、海洋法律问题、海洋经济问题和海洋科技问题。在海洋环境问题方面，主要涉及海洋生态系统的健康、海洋污染、气候变化对海洋的影响等关乎地球生态平衡和可持续发展的问题。由于属于低敏感领域，国际社会在治理海洋环境问题上达成了一定的共识，形成了协商合作的价值理念。海洋资源主要包括海洋中的生物资源、海洋海底的矿物资源、海洋中的化学资源和动力资源等。主要涉及海洋生物资源的过度捕捞、海洋矿物资源的过度开采、海洋化学资源的不合理使用和海洋动力资源面临技术难题和经济可行性的考量等问题。例如，非法、不报告和无管制捕捞活动（illegal, unreported, and unregulated fishing, IUU），这种对渔业资源过度捕捞的活动导致渔业资源枯竭和海洋生态环境破坏。在传统海洋安全问题方面，主要涉及海上领土争议、资源争夺、海盗、恐怖主义及海上通道安全等关系到国际政治稳定和经济安全的问题。由于这些问题通常属于高政治领域，涉及各国的核心利益，全球治理在这些领域的有效性受到了一定的限制。但进入 21 世纪以来，海上恐怖主义和海盗、海上走私和非法交易、海上突发事故等海洋非传统安全问题日益凸显，推动了国家间在该领域的协商与合作，这成为全球海洋治理发展的新趋势。

近代关于海洋地位最著名的争论是格劳秀斯"海洋自由论"（Mare Liberum）和塞尔登"闭海论"（Mare Clausum）之争。格劳秀斯认为，"海洋必须是自由的，因为人类不可能占领和划分像空气和海水那样广袤无垠的自然元素"。海洋应当是自由开放的，不应被任何单一国家所占有，以保障国际贸易和航行的自由畅通。塞尔登则认为，"海洋和陆地一样，是可以被国家占有的，一些大国已经在特定大洋和海域行使航行和渔业管辖权"，即海洋可以被国家占有和划分，国家对其海域拥有排他性的绝对主权。格劳秀斯的"海洋自由论"反映了当时荷兰作为海上贸易强国的利益诉求，旨在打破葡萄牙和西班牙对海上贸易路线的垄断。塞尔登的"闭海论"则体现了英国作为新兴海洋强国的利益，试图为其海域的控制和扩张提供法律依据。然而，格劳秀斯和塞尔登的争论为现代国际海洋法的形成奠定了理论基础。两人的观点在《联合国海洋法公约》中得到了折中与平衡。《联合国海洋法公约》既保障了公海的自由通行权，也赋予了沿海国家对其邻近海域一定的管辖权和主权，从而在自由与控制之间建立了一个国际海洋法框架，以推动海洋资源的公正、可持续开发以及海洋环境的保护。

国外学界对全球海洋治理的研究起步相对较早。20世纪90年代至今，国外学者从公共政策、国际关系和国际法等多个学科视角出发，探讨影响全球海洋治理成效的各种因素，以期找到实现海洋善治的良方。主要表现为：第一，关于治理客体的研究为海洋善治提供了必要性和可能性；第二，关于治理制度的研究成果最多，聚焦于制度是否有效以及如何发挥有效性；第三，关于治理主体的研究重点仍然是国家，但研究政府间组织、非政府组织、跨国企业、利益集团、科学家等主体的成果也逐步增多；第四，由于海洋治理中的价值因素的研究很难精准量化与评估，这一领域的研究成果相对较少。

国内海洋治理的研究起步较晚，与国外的相关研究相比，无论是时间、广度还是深度都存在明显差距。随着全球海洋问题的日益凸显，国际社会对此给予了广泛关注，并采取了治理行动。同时，随着中国综合实力的增强和海洋权益的扩展，自2014年起，国内学术界对全球海洋治理的研究迅速增长，呈现出蓬勃发展的态势。然而，国内关于全球海洋治理体系的研究成果较少，对全球海洋治理体系的历史演进，特别是中国在该治理体系历史演进中的制度变迁涉及不多。

关于全球海洋治理体系研究，笔者认为有以下几点值得商榷：

1. 关于全球海洋治理的界定。

对此，中外学者有两种不同的观点：一种观点将全球治理的概念应用于全球海洋治理中，国内学者普遍持此观点。在这种情况下，全球治理中的相关因素如全球海洋问题、多元治理主体、海洋治理机制等，就渗透到全球海洋治理中。这样的界定方式突出了全球海洋治理对治理理论和全球治理理论的继承与发展，但没有显现出海洋治理的独特性。另一种观点与此相反，国外学者则强调海洋治理的独特性，如海洋治理的原则等。可见，界定全球海洋治理概念时，一方面应突出这一概念对治理理论和全球治理理论的继承，即它们的共性；另一方面则要突出它在具体领域和议题上对治理理论和全球治理理论的发展，即全球海洋治理的独特性。

2. 全球海洋治理体系历史阶段的不同划分。

目前主要有三种不同的划分方法：（1）权力维度的海洋控制阶段、权利维度的海洋分配阶段和责任维度的治理阶段；（2）无须治理的自然状态海洋、探索和争霸之下的海洋、大开发且无法律规制的海洋、亟待全面治理的海洋；（3）全球海洋治理的萌芽阶段、兴起阶段、形成阶段和调整阶段。

3. 全球海洋治理体系的基本要素。

最著名的是"海洋之母"伊丽莎白·鲍基斯的三要素论。她认为，海洋治理的综合系统中有三个至关重要组成部分：法律框架和机制框架、实施工具。丽萨·M. 坎贝尔（Lisa M. Campbell）认为，全球海洋治理有三个重要主题：行为者（actor）、规模（scale）和知识（knowledge）。世界海洋独立委员会（Independent World Commission on the Oceans，IWCO）提出海洋治理的五个要素，包括团结（unity）、紧迫（urgency）、潜力（potential）、机会（opportunity）和托管（trusteeship）。在国内，有些学者认为全球海洋治理由主体、客体、价值、制度四个要素构成，而有些学者将其基本要素划分为目标、规制、主体、客体四种类型。

4. 关于全球治理的机制建设。

全球海洋治理的机制建设目前存在两种主要观点分歧：是应设立超越国家之上的治理权威机构，还是应构建一个更为扁平化、多元化的治理参与者网络？其中一个核心议题是，是否有必要成立一个类似世界海洋组织的机构，以便在全球范围内统一应对特定的海洋问题。

为应对全球性海洋问题，国际社会在"二战"后逐步建立了以联合国为核心的全球海洋治理体系。这一体系以《联合国海洋法公约》为基础，确立了国际海洋法的基本框架，并明确了一系列指导国际海洋行为的国际规则。在这些规则的形成过程中，各类机制发挥了关键作用，如国际机构、政府间组织、国际会议以及非政府网络等。这一系列国际规则和机制共同构成了国际社会在海洋治理方面的制度性安排，包括正式的制度安排（如国际规则和由国际机构、政府间组织正式确立的合作机制）和非正式的制度安排（如非政府网络间的自发合作和协调）。二者相互补充、相互交织，共同应对全球海洋问题。《联合国海洋法公约》是国际法在海洋领域的重要拓展，不仅解决了海洋利用和主权归属等关键问题，还为海洋资源的公平、可持续发展和海洋环境的保护提供了坚实的法律基础和保障。截至目前，《联合国海洋法公约》缔结已四十年余年，为全球海洋治理提供了一个重要的制度框架与合作平台。

当前，海洋生态环境的保护、海洋安全等传统与非传统安全问题尚待有效解决。与此同时，国家管辖范围以外区域海洋生物多样性保护与可持续利用（Biodiversity of Areas Beyond National Jurisdiction，BBNJ）、国际海底资源的开发利用、北极航道的通航权等新兴议题也日益凸显，成为国际社会关注的焦点。现有的《联合国海洋法公约》已难以应对层出不穷的海洋挑战。主要表现为：第一，现有海洋治理机制存在霸权治理现象，发达国家在治理中仍占据主导地位，发展中国家在议程设置和制度设计中往往被边缘化；第二，现有海洋治理机制呈现出分散化、碎片化的特点，难以应对具有整体性的全球海洋问题；第三，现有海洋治理机制的权威性不足，在部分领域中存在着"无法可依"和"有法不依"现象。以上问题引发思考：全球海洋治理是需要建立类似世界海洋组织这样的超国家治理权威机构，在全球层面处理特定的海洋问题，还是应建立更加扁平化的多元治理主体网络？

应推进"中心—边缘"式海洋治理结构的变革，构建多中心网络化海洋治理体系。通过这种治理架构整合政府间组织、跨国企业、科研共同体及公民社会等多元行为体，改变传统治理模式中的单一中心化结构，强调多元主体平等参与、技术共享与制度协同。利用数字技术打破数据壁垒，实现跨部门协同，并建立包容性规则体系，推动全球海洋善治。

"中心—边缘"式的海洋治理结构具有两个特点：一是海洋强国和发展中国家参与治理的权力地位不对等。在治理过程中，发达国家在议题设置、资源配置以及制度设计等核心环节依然保持强势地位，特别是在严重依赖高新技术的领域，一些大国实际上主导了海洋治理进程，并将自身海洋利益转化为"全球关切"。发展中国家虽然海洋意识逐渐觉醒，但由于经济、科技发展水平有限，对海洋的认知、经验不足，海洋治理能力不强，没有或仅有少量话语权，在海洋治理的制度制定方面发挥的作用有限。

二是国家行为体与非国家行为体参与治理的角色呈现差异化。国家作为海洋治理的主要参与者，在制定与执行国家及国际海洋规则方面发挥着不可替代的作用。然而，面对日益复杂多元的治理环境，应进一步增强非国家行为体的参与度，充分利用其在专业知识和决策方面的独特贡献，共同构建更加开放、包容的治理体系，实现海洋善治。

通过对全球海洋治理体系的概念、历史变迁、基本要素、制度构建、治理结构的探讨，能够更加深入地了解全球海洋治理的运行机制、规范系统及存在的不足，从而推动其变革和转型，更好地适应全球海洋问题的解决，实现海洋善治。

随着全球化进程的加速及人类对海洋资源的开发与利用不断加剧，海洋这一对人类生存与发展至关重要的空间，正面临一系列严峻挑战。资源严重消退、生物多样性消失和可持续发展难以为继等全球性海洋问题日益成为国际社会关注的焦点。全球化带来的全球性问题加速了全球治理理论和实践的快速发展，不仅推动了全球海洋治理的产生，还在实践进程中逐渐形成了治理体系。然而，现行的全球海洋治理体系在应对海洋问题上存在诸多困境，如治理主体之间集体行动无法协调一致、国家意愿与治理能力不匹配、治理制度存在多重缺陷等，导致全球海洋治理成效不足。因此，推动其变革具有紧迫性和必要性。

本书首先梳理了全球海洋治理体系研究的国内外现状，对治理、全球治理、海洋治理和全球海洋治理体系相关的概念进行了界定。从要素构成、规制架构、目标设定、价值遵循四个维度全面探讨了全球海洋治理体系，尝试构建了全球海洋治理体系的理论架构。同时，从不同治理层级和主要海洋问题两个维度对全球海洋治理的实践进行了梳理与分析，立体式地把握全球海洋治理体系的总体构架，为深入开展全球海洋治理体系研究提供了理论基础和逻辑前提。其次，从不同历史阶段出发，结合全球海洋治理体系的内涵，将全球海洋治理体系的历史演进过程划分为前全球海洋治理体系阶段、全球海洋治理体系的萌芽阶段、全球海洋治理体系的兴起阶段和全球海洋治理体系的逐步形成阶段。通过梳理全球海洋治理体系的历史演进和规制变迁，归纳、分析了当前全球海洋治理体系面临的主要困境及其根源。最后，从理念、制度、主体结构、目标和效果四个角度提出了中国推动全球治理体系变革的路径选择。为提升中国在全球海洋事务中的话语权和影响力，需进一步增强中国在有关全球海洋治理体系的国际条约规则制定过程中的议题设置、制度设计、公约文件起草和缔约谈判等能力，努力构建中国全球海洋治理的价值（文化、观念等）、制度、方案。特别是着眼于构建海洋命运共同体的目标，需探讨中国未来如何深入参与全球海洋治理体系变革，拓展基于"蓝色伙伴关系"的"朋友圈"，以及如何更好地推动全球海洋善治的实现。

著　者

2024 年 5 月

目 录

第一章 导论

>> 一、全球海洋治理产生的背景及现实意义

海洋与人类的生存和发展息息相关，全球接近 4/5 的国家（或地区）拥有海岸线，而超过 2/3 的人口居住在距海岸 200 千米内的区域。随着全球工业化和城市化的快速发展，海洋资源的过度开发、海洋生态的破坏以及全球气候变暖等问题日益严峻，对人类社会的可持续发展构成了重大挑战。面对这些全球性的海洋问题，国际社会日益认识到需将全球海洋视为一个整体，进行综合治理，即实施"全球海洋治理"。

全球海洋治理体系是在全球化进程中逐渐形成的。近代社会因商业贸易、经济往来、社会交往和人员流动而逐渐联结为一个整体，催生了"全球"的概念。随着全球化的深入发展，人类对海洋的过度开发和利用使海洋问题成为全球性挑战。在此背景下，全球海洋治理体系应运而生，并不断发展完善。

第一，海洋的重要性是推动全球海洋治理体系产生的根本原因。海洋为人类生存和发展提供了不可或缺的资源和发展空间。人类因海而生，向海而兴。海洋是地球生态系统的重要组成部分，在净化空气、调节气候温度、维持生态平衡等方面发挥着重要作用。海洋蕴藏着丰富的资源，包括生物资源、矿产资源、化学资源、能源资源及油气资源等，它还为人类未来的发展提供了丰富的潜在资源，如蛋白质、能源、矿产资源以及发展空间等，是人类可持续发展的重要支撑。

同时，海洋也具有重要的战略意义，构成了全球重要的贸易和战略通道。古罗马哲学家西塞罗曾说，谁控制了海洋，谁就控制了世界。自地理大发现时代起，海洋作为全球贸易的纽带和海上通道，逐渐成为世界强国在地缘政治和

战略利益上争夺的焦点。正是由于海洋在自然资源、发展空间和地缘战略上的重要价值，世界各沿海国家纷纷加大了对海洋的重视程度和管理力度。

第二，海洋环境与形势的深刻变化是催生全球海洋治理体系产生的主要动因。一方面，随着全球气候变化加剧，海平面上升、海洋酸化和生物多样性锐减正在重塑海洋环境。这些不可逆转的变化对海洋生态系统的健康和海洋资源的可持续利用构成了严重威胁，要求国际社会必须采取协同行动，通过全球海洋治理体系共同应对。另一方面，海上安全事件频发、海洋资源竞争激烈、海洋环境污染和生态破坏加剧，使海洋形势日益复杂，给沿海国家的经济、社会和国家安全带来前所未有的挑战，也对全球气候调节、渔业资源、海洋工程等产生了深远影响，制约了这些国家经济社会的可持续发展。面对这些挑战，传统海洋管理的有效性遭受质疑，单边行动和局部解决方案的局限性也日益凸显，迫切需要建立一个更加开放、包容的海洋治理体系，通过国际合作框架统筹协调各国行动，以实现海洋利益的共享、风险的共担和冲突的和平解决。

第三，全球化的不断拓展是推动全球海洋治理体系产生的基本前提。一方面，全球治理的实践为海洋治理提供了宝贵的经验。另一方面，全球化推动了海洋的相互联通，扩大了海洋的跨国界影响力，使得一国的海洋治理政策或行动直接或间接地影响其他国家，进而演变为区域乃至全球性问题。全球化还促使海洋问题逐渐呈现出整体性和统一性的特征，而仅靠单一国家的力量难以解决问题，需要跨国界的合作及治理主体的多元化。

第四，全球海洋经济发展态势是推动海洋治理体系产生的内驱动力。海洋经济①是开发利用海洋的各类产业及相关经济活动的总和，其增长潜力巨大，并且在全球经济中的占比将进一步扩大。对于沿海国家而言，有效开发海洋资源如海洋油气、港口航运、海洋旅游和海洋渔业等，是推动经济增长、增加国民财富的重要途径。因此，海洋经济不仅在全球贸易中发挥着至关重要的作用，也是沿海国家经济发展的关键动力。

海洋产业作为海洋经济的核心组成部分，涉及海洋资源的开发、利用和保护所进行的各类生产和服务活动，覆盖从海洋渔业、海洋油气业、海洋矿业、海洋船舶工业、海洋旅游业、海洋交通运输业到海洋科研教育管理服务等广泛领域。随着海洋科学与海洋工程的不断进步，沿海国家正以前所未有的规模开发利用海洋资源，推动了海洋产业的多元化发展。目前，人类开发利用海洋已

---

① 《2021年中国海洋经济统计公报》，https://gi.mnr.gov.cn/202204/t20220406_2732610.html。

形成四大海洋支柱产业，分别是海洋石油工业、滨海旅游业、现代海洋渔业和海洋交通运输业；形成七大类型，分别是航运和通信的海洋空间利用、海洋矿产资源开发和能源利用、海洋生物资源开发利用、海洋旅游和娱乐、海上废物处理、海洋军事利用、海洋调查研究等，展现了其对全球经济、社会及环境影响的深度和广度。因此，探索海洋、开发利用海洋和保护海洋，已成为全球海洋经济可持续发展战略中的重要一环，引领着新的时代发展潮流。

由于海洋在全球贸易中的核心作用，全球海洋经济的发展态势，特别是海洋产业的多样化和规模扩大，促使各国迫切需要建立健全海洋治理体系，积极探索实现全球海洋治理的有效路径与策略。

第五，现代海洋科技的发展是推动海洋治理体系产生的技术支撑。与传统海洋经济不同，现代海洋经济高度依赖高新技术，海洋开发所需要的技术几乎都是资金密集、知识密集的高新技术。世界海洋高新技术的发展，引发了全球范围内的海洋开发热潮，推动了新兴海洋产业的形成与发展。21 世纪初期，海洋高新技术的进步促进了海水资源的直接应用、海洋化工领域的深入发展以及海洋药物的创新研发，这些领域正迅速成长为具有显著规模的高新技术产业。同时，在高科技的强力推动下，深海采矿技术的初步探索、海洋能发电技术的早期研发以及海洋资源的全面勘探工作也在稳步推进，为这些领域未来成长为新兴的海洋高新技术产业奠定了坚实的基础。

第六，全球海洋问题频发是推动全球海洋治理体系产生的现实背景。近年来，随着全球工业化、城市化进程的加快，海水污染、海洋生态环境恶化以及海盗、走私、海上恐怖主义、暴力犯罪等海洋安全问题全球性挑战日益加剧，亟须各治理主体通过多边协商、全球协作与共同治理来应对。

随着海洋问题的日益国际化，有效的海洋治理对于保障人类的健康发展和维持国际社会稳定变得极为关键。例如，2022 年 9 月 26 日，俄罗斯向德国输送天然气的北溪海底管道发生爆炸。物理学家组织网在报道中指出，就其泄漏速度而言，此次事件可能是有史以来最大的天然气泄漏事件，将对波罗的海的海洋生物、渔业及人类健康造成直接伤害，并对气候产生重大不利影响。[①] 2021 年 4 月 21 日，联合国发布的《第二次世界海洋评估》显示，由于磷、氮等物质的过度排放，海水富营养化问题日益严重，海洋死水区的数量从 2008

---

① 魏建勋：《国际机制视角下的全球海洋治理效能提升》，《江苏海洋大学学报（人文社会科学版）》2023 年第 6 期。

年的 400 多个增加至 2019 年的 700 个左右，红树林和海草草甸数量持续减少，19% 的红树林和 21% 的海草濒临灭绝，约 6% 的已知鱼类物种和近 30% 的板鳃类物种濒临灭绝或易受伤害，约 30% 的海鸟物种被列为脆弱、濒危、严重濒危物种。① 据政府间气候变化专门委员会第五次评估报告预测，到 2100 年，海水 pH 值将下降 0.3~0.4，对海洋生物和生态系统造成严重且不可逆转的危害。②

鉴于全球海洋生态环境每况愈下，为了促进海洋与海洋资源的可持续发展，避免"公地悲剧"③（The Tragedy of the Commons），国际社会正积极寻求全球海洋治理体系的变革，通过制度创新和法律框架的构建，加强对海洋生态环境的保护。

上述因素促使全球海洋治理的兴起成为必然趋势，对当今国际社会具有深远的现实意义。

第一，全球海洋治理促进了可持续发展观念的广泛传播。全球海洋治理的终极目标在于实现海洋与海洋资源的可持续开发与利用，促进人与海洋的和谐发展。有效的海洋治理能够在无形中推动海洋可持续发展观念的广泛传播，增强公众对海洋保护的认知与参与度，培育现代公民的海洋意识，维护国际海洋秩序的稳定与公正，最终实现海洋善治的目标。

第二，全球海洋治理有利于有效解决全球性海洋问题。全球海洋治理致力于构建一个多边协作的机制框架。通过这一框架，各国能够共同应对海洋资源过度开发、环境污染、生态破坏、海上安全威胁等跨区域的海洋挑战。这不仅促进了涉海信息共享、技术交流、法律制定与执行的国际合作，也增强了各国应对海洋问题的能力。同时，全球海洋治理还有助于协调各国在海洋资源开发

---

① 魏建勋：《国际机制视角下的全球海洋治理效能提升》，《江苏海洋大学学报（人文社会科学版）》2023 年第 6 期。

② IPCC，"Climate Change 2014: Synthesis Report. Contribution of Working Group Ⅰ, Ⅱ and Ⅲ to the Fifth Assessment Report of the Intergovernmental Panel on Climate Change," Geneva: IPCC, (2014): 59.

③ 1968 年，英国经济学家哈丁提出"公地悲剧"理论，随后该理论被应用于国际关系学中的"全球公域"。哈丁教授的"The Tragedy of the Commons"一文被认为是"全球公域"论域最早的学术发源。"全球公域"（global commons）是指主权国家管辖之外的人类共有区域与领域。这一概念起源于西方经济学，主要用于解决全球公共资源的配置问题；而后进入国际法学领域，主要关注全球活动中的权利与义务分配；近年转向国际关系学，主要探讨全球公共空间对国家间关系与世界政治的影响。简言之，"公地悲剧"比喻的是，在公共草地上，每个牧羊人都追求自身利益最大化，所以每个牧羊人最终都会选择过度放牧而罔顾公共草原的承载力，从而导致"公地悲剧"的发生。在当今全球海洋环境治理模式中已有"公地悲剧"理论范式的身影。Garrett Hardin, "The Tragedy of the Commons," *Science* 162, no. 3859 (1968): 1243-1248.

和利用上的行动，避免对资源的过度开发与无序竞争，确保海洋资源的可持续利用，也为维护海洋秩序和公平正义提供了有力保障，从而更有效地解决全球性海洋问题。

第三，全球海洋治理推动了海洋治理结构朝着公正合理方向发展。全球海洋治理倡导世界各国无论大小、贫富与强弱，均能平等参与全球海洋事务。这一原则极大地增强了广大发展中国家和新兴经济体在海洋治理中发表意见和提出诉求的主动性，有利于改变海洋治理中的权力不均衡状态和"核心—边缘"式的治理结构，推动国际海洋秩序朝着更加公正合理的方向发展。

综上所述，全球海洋治理的现实意义在于它广泛传播了可持续发展的核心理念，激励了各治理主体主动担负起全球海洋治理的重任，积极参与到全球海洋治理的进程中，不仅推动了海洋治理体系的变革与创新，也促进了全球海洋治理结构朝着更加公正合理的方向发展。

≫ 二、国内外研究现状述评

国内外学者在全球海洋治理研究上的起始时间、研究背景不同，导致他们在研究的广度、深度、焦点问题、研究目标和价值观念上均存在着明显差别。

（一）国外研究现状

国外学界对全球海洋治理的研究起步较早。自 20 世纪 90 年代以来，国外学者从公共政策、国际关系和国际法等多个学科视角出发，探讨影响全球海洋治理效果的各种因素，以期找到实现海洋善治的策略。主要表现为：第一，关于治理客体的研究。这些研究为海洋善治的必要性和可能性提供了基础。第二，关于治理制度的研究。这是研究成果最多的领域，重点关注制度的有效性及其实现方式。第三，关于治理主体的研究。虽然该研究领域关注的重点仍然是国家，但政府间组织、非政府组织、跨国企业、利益集团、科学家等的作用也日益受到重视。第四，关于治理价值观念的研究。由于价值评估难以量化，这方面的研究成果相对较少。①

---

① 刘晓玮：《追求善治：国外学界关于全球海洋治理的研究综述》，《浙江海洋大学学报（人文科学版）》2021 年第 3 期。

詹姆斯·N. 罗西瑙的《没有政府的治理》一书虽没有提出一个相对完备而清晰的全球治理理论体系，却展现了一种崭新的思维模式和一个"变革中的世界"，为全球治理理论的不断完善打下了基础。戴维·赫尔德、安东尼·麦克格鲁主编的《治理全球化——权力、权威与全球治理》汇集了多名全球公共政策理论家和分析家的著作。这些成果深入探讨了两个核心议题：一是全球治理的概念；二是对全球化中出现的全球性问题和关键领域的治理机制的理解。该书将现有全球治理理论的详细阐释与在诸如人道主义干预、全球金融管制等重大问题领域中的结构和过程的系统分析相结合。为了实现这一目标，书中勾勒出各种理论的和经验的轮廓，对尚未定型的全球治理的本质和形式进行了深入的探讨。此外，该书还全面阐述了国家管理向多层全球治理转变的起因和局限。

20 世纪末，美国海洋与国际关系学者罗伯特·弗雷德海姆最先提出全球海洋治理的概念。他认为，全球海洋治理是指在分配海洋使用权和海洋资源的过程中制定一系列公平而有效的规则、规范（包括可持续性的概念），这为解决海洋使用冲突和分享海洋利益提供了必要手段，尤其旨在减少相互依赖世界中集体行动的阻力。[1] 关于全球海洋治理的缘起，阿戴尔伯特·瓦勒格指出，人类社会可持续发展的内在要求促使了全球海洋治理的诞生。[2] 凯瑟琳·霍顿认为，单靠国家无法解决全球海洋问题，全球海洋治理是突破国家治理的产物。[3]

1. 关于全球海洋治理客体的研究

全球性海洋问题（global marine issue）的日益严峻引发了全球海洋治理，是全球海洋治理的客体。全球性海洋问题源于人类对海洋的过度开发和利用，导致的生态环境、气候变化和海洋安全等全球性问题。

在渔业资源养护方面，2001 年沙伊贝尔发表的文章《海洋治理与海洋渔业危机：40 年的创新与挫折》聚焦于渔业层面的海洋治理，提出预防性方法、

---

[1] Robert L. Friedheim, "Ocean Governance at the Millennium: Where We have been-Where We should Go," *Ocean and Coastal Management*, no. 42 (1999): 747-765.

[2] Adalberto Vallega, *Sustainable Ocean Governance: A Geographical Perspective* (London: Routledge, 2001), p. 211.

[3] Katherine Houghton, "Identifying New Pathways for Ocean Governance: The Role of Legal Principles in Areas Beyond National Jurisdiction," *Marine Policy*, no. 49 (2014): 118-126.

生态系统方法和保护生态系统完整性等渔业养护的方法。① 沃勒和布德罗等人主编的《海洋治理的未来及能力建设》则立足于当下最新的海洋治理议题，包括气候变化、渔业和水产养殖、海上交通、海洋能源、海上安全、海洋与海岸带综合管理等。② 费耶特的《北极的海洋治理》主要关注了北极地区的捕鱼、航行、油气资源开发、大陆架划界等问题。③

在海洋塑料垃圾方面，许多国际讨论都从法学视角展开，重点关注制定塑料废物管理的国际规则④以及将《巴塞尔公约》应用于危险废物的越境转移控制上。⑤ 学者们从政治学视角出发，探讨海洋塑料垃圾治理失效的深层原因，重点分析了政策注意力不足、治理体系零散等因素。⑥ 迈卡·莱恩⑦认为，海洋塑料污染与渔业问题类似，属于"抗解问题"（wicked problem），无法通过海洋私有化（产权制度）解决，需要大量利益相关者的参与。引入抗解问题概念，能增进对全球海洋治理客体复杂性的认识，但是对这类抗解问题发生机制的研究还很不足。在微塑料的生态影响方面，有学者提出，微塑料有可能改

① Harry N. Scheiber, "Ocean Governance and the Marine Fisheries Crisis: Two Decades of Innovation and Frustration," *Virginia Environmental Law Journal* 20, no. 1, 2001: 119-137.

② Dirk Werle, Paul R. Boudreau and Mary R. Brooks et al eds., *The Future of Ocean Governance and Capacity Development: Essays in Honor of Elisabeth Mann Borgese (1918—2002)* (Netherlands: Brill Nijhoff, 2018), pp. VII–XVI.

③ Louise Angiliquede La Fayette, "Ocean Governance in Arctic," *International Journal of Marine and Coastal Law* 23, no. 3, 2008; Jill Barrett, "International Governance of the Antarctic-Participation, Transparency and Legitimacy," *Yearbook of Polar Law* 7, 2015: 448-500.

④ Ina Tessnow-von Wysocki, Philippe Le Billon, "Plasties at Sea: Treaty Design for a Global Solution to Marine Plastic Pollution," *Environmental Science and Policy* 100, no. 10 (2019): 94-104; Karen Raubenheimer, Alistair Melgorm, "Canthe Basel and Stockholm Conventions Provide a Global Framework to Reduce the Impact of Marine Plastic Litter?," *Marine Policy* 96, no. 10 (2018): 285-290.

⑤ Cristina A. Lucier, Brian J. Gareau, "From Waste to Resources? Interrogating 'Race to the Bottom' in the Global Environmental Governance of the Hazardous Waste Trade," *Journal of World Systems Research* 21, no. 2 (2015): 495-520; Sabaa Ahmad Khan, "E-Produets, E-Waste and the Basel Convention: Regulatory Challenges and Impossibilities of International Environmental Law," *Review of European, Comparative & International Environmental Law* 25, no. 2 (2016): 248-260.

⑥ Peter Dauvergne, "Why Is the Global Governance of Plastic Failing the Oceans," *Global Environmental Change* 51, no. 7 (2018): 22-31; Elizabeth Mendenhall, "Oceans of Plastic: A Researeh Agenda to Propel Poliey Development," *Marine Policy* 96, no. 10 (2018): 291-298.

⑦ Landon-Lane Micah, "Corporate Social Responsibility in Marine Plastic Debris Governance," *Marine Pollution Bulletin*, 127, (Jan. 2018): 310-319.

变种群结构，对生态系统健康和生物多样性造成损害。[①]

在海洋酸化[②]和气候变暖方面，肯·卡尔代拉和迈克尔·维克尔认为，海洋酸化主要是由大气污染物引起的，这种污染物也是"人为气候变化"（an-thro-pogenic climate change）的主要推动者，对海洋环境的影响与其他进入海洋的污染物一样严重。[③] 雷弗斯（Rosemary Rayfase）等在《融化时刻：气候变暖世界中极地海洋治理的未来》一书中，从海洋治理的角度分析了气候变化给极地地区带来的法律挑战，并就今后如何发展极地海洋治理制度提出了初步意见。[④]

在国家管辖范围以外区域海洋生物多样性（Marine Biodiversity of Areas Beyond National Jurisdiction，BBNJ）方面，安德鲁·梅里等[⑤]将影响 BBNJ 养护和可持续利用的多个因素分为"缓慢增强的紧急情况"（slow burning emer-gencies）和"突发意外"（rude surprise）。前者指的是那些相对可预测且现有机构可能解决的问题，这些问题会随着时间的推移逐渐变得更加严峻。例如，过度捕捞、对海洋生物多样性的过度利用和深海采矿等活动，这些活动虽然在一定程度上可以预测，但如果不加以控制和管理，将对海洋生态系统造成长期且可能不可逆的损害。此外，海洋遗传资源的利用也涉及生物多样性的保护和公平的利益分享，需要国际社会的共同努力和协调。后者代表了那些超出现有机构应对能力且难以预料的危机，这些问题往往出现在没有明确法律治理结构的领域。例如，海洋地球工程涉及大规模干预自然过程的多项技术，这些技术因其复杂性和未知性可能带来次生灾害甚至意想不到的后果，因此需要灵活和动态的治理体系来应对。两者都强调了 BBNJ 治理体系必须具备的灵活性和动

---

① Stephanie L. Wright, Richard C. Thompson, Tamara Galloway, "The Physical Impaets of Microplasties on Marine Organisms：A Review," *Environmental Pollution* 178, no. 7 (2013)：483-492.

② 海洋酸化是指因人类活动导致大气中二氧化碳增加，海洋吸收这些气体后 pH 值下降，海水变得更酸，对海洋生态系统构成威胁的全球性环境问题。pH 值是一个用来衡量溶液酸碱性的数值，pH 值越低，酸性越强。

③ Caldeira Ken and Wickett Michael E, "Anthropogenic Carbon and Ocean pH：Oceanography," London：Nature Publishing Group UK, 425, no.6956, (Sep. 2003)：365.

④ Rosemary Rayfuse. "Melting Moments：The Future of Polar Oceans Governance in a Warning World," Re-ciel, no. 2, (2007)：196-216.

⑤ Merrie Andrew, Dunn Daniel C. and Metian Marc, et al, "An Ocean of Surprises-Trends in Human Use, Unexpected Dynamics and Governance Challenges in Areas Beyond National Jurisdiction," *Global environmen-tal change* 27, (Jul. 2014)：19-31.

态性。以往的研究往往只关注静态的、既定的实例或专家意见，而忽视了治理体系需要适应不断变化的挑战。因此，这一研究成果不仅丰富了 BBNJ 治理客体的研究，也深化了对如何有效管理和保护海洋生物多样性的理解。

在世界范围内，大多数沿海渔业常因"过度捕捞"导致关键渔业种群锐减，直接影响依赖这些资源的渔民生计。随着鱼类资源减少，无论是相同规模作业还是不同规模作业的渔民，彼此间的竞争都日益加剧。为了争夺有限的资源，他们可能采取更具破坏性的捕捞方法，如使用更高效的渔网和捕鱼设备，这进一步加速了渔业资源的枯竭，从而影响渔民的收入水平。当传统捕捞方法难以维持生计时，渔民可能会转向更极端的捕捞技术，这不仅对海洋生态造成更大破坏，也可能导致社会冲突和暴力事件的增加。这些冲突既可能发生在相同规模作业的渔民之间，也可能发生在不同规模作业的渔民之间。更为严重的是，部分渔民甚至选择通过海上违法犯罪活动寻求生存之道，如海上非法移民、走私、贩毒、贩卖人口和海盗活动。①

在海洋安全问题方面，2009 年前后，海盗活动、海上恐怖主义、有组织犯罪和海上非法移民等海洋安全问题对国际航运业构成了日益严重的威胁，成为学界、政界和公众关注的焦点。② 因此，需要采取有效的管制和治理措施，以维护海洋安全。

2. 关于全球海洋治理制度的研究

国外学者比较关注海洋治理制度的研究，因为制度设计的成败直接决定了治理的效果，这是全球海洋治理研究的重点领域。

在海洋法方面，2001 年艾莉森在《大法律、小捕捞：全球海洋治理和渔业危机》一文中提出，渔业养护规则从硬法向软法转变。③ 2006 年，罗纳尔多·R. 罗斯维尔和大卫·L. 范德瓦格教授在《海洋管理：澳大利亚与加拿大方法的比较考察》一文中指出，全球变暖等危机"正引发人们对自 1958 年'日

① Pomeroy Robert, Parks John, Mrakovcich Karina Lorenz and LaMonica Christopher, "Drivers and lmpacts of fisheries Scarcity, Competition, and Conflict on Maritime Security," *Marine Policy*, 67, (May. 2016): 94-104.

② McNicholas Michael, "Perils of the Seas: Piracy, Stowaways, and lrregular Migration," *Maritime Security*, (2016): 169-205.

③ Allison Edward H, "Big Laws and Small Catches, Global Ocean Governance and the fishery Crisis," *Journal of international development* 13, no. 7, (Oct. 2001): 933-950.

内瓦海洋法四公约'及其后来的替代者——1982年《联合国海洋法公约》以来久已确立的海洋管理方式的质疑"。① 2019年，马克·撒迦利亚出版了《海洋政策——海洋治理和国际海洋法导论》一书，该书专注于国际海洋法领域，深入分析了海洋政策的地理和管辖层面，以及海洋生态系统当前和未来面临的挑战，包括气候变化带来的影响和资源过度开发等问题。

在海洋治理机制方面，2006年亨里克森等人的专著《海洋治理的政治与法律：1995年渔业协定及区域渔业组织》聚焦于渔业养护领域的海洋治理，主要从既有的与渔业有关的全球性和区域性海洋制度入手，梳理了包括联合国粮食及农业组织和区域渔业组织等的渔业治理实践。② 2018年8月，国际海事学院和日本基金会资助完成的三卷本"国际海事学院全球海洋治理专著"系列丛书出版，由大卫·约瑟夫·阿塔德等主编。该丛书主要聚焦当前海洋治理的主要机制，包括联合国、联合国粮食及农业组织和国际海事组织。③

罗德斯认为，海洋环境治理实质上是"区域海"相关治理主体与政府之间的相互依存，需要构建一个区域海洋环境的公共管制体制，以促进环境治理网络体系的形成。④ 朱达在《制定大型海洋生态系统治理功能性方法的考虑因素》一文中着眼于有效实施大型海洋生态系统管理，探讨了相关治理安排所涉及的一些问题、概念和原则。朱达指出，在一个地方行之有效的社会经济和治理措施在其他地方可能并不有效。如果要实现变革，就必须了解当地的情况和

---

① Rothwell Donald R. and VanderZwaag David L., "The Sea Change Toward Principled Oceans Governance," in *Toward principled oceans governance：Australian and Canadian approaches and challenges* （London：Taylor & Francis，2006），p. 7.

② Tore Henriksen，Geir Hnnleand et al，*Law and Politics in Ocean Governance：the UN Stock Agreement and Regional Fisheries Management Organization* （Martinus Nijhoff Publishers，2006）.

③ 包括第一卷《联合国和全球海洋治理》、第二卷《联合国专门机构和全球海洋治理》、第三卷《国际海事组织和全球海洋治理》。这套丛书比较详细地论述了当前的海洋治理议题，包括气候变化、海洋环境保护、海洋生物资源养护、海上交通与船舶航行等，着重阐述了当前主要海洋治理机制的活动。参见 David Joseph Attard，David M Ong，Dino Kritsiotis eds.，*The IMLI Treatise On Global Ocean Governance：Volume I：UN and Global Ocean Governance* （Oxford University Press，2018）；David Joseph Attard，Malgosia Fitzmaurice，Alexandros XM Ntovas eds.，*The IMLI Treatise On Global Ocean Governance：Volume II：UN Specialized Agencies and Global Ocean Governance* （Oxford University Press，2018）；David J Attard，Rosalie P Balkin，Donald W Greig，eds.，*The IMLI Treatise On Global Ocean Governance：Volume III：The IMO and Global Ocean Governance* （Oxford University Press，2018）.

④ Rhodes，"Governance and public administration," in J. Pierre，ed.，*Debating Governance* （Oxford：Oxford University Press，2000），pp. 55-90.

人们的动机。①

关于海洋治理制度的碎片化问题，戴维斯认为，国际制度处于相互矛盾的利益和意图重叠的复杂背景中，使各国难以协调一致地处理各种问题。② 费利西亚·科尔曼和劳拉·E. 皮特指出，国际社会为解决全球气候变化问题作出了巨大的努力，但是制度与规则仍处于碎片化状态，相互隔绝、不相协调问题依然突出。③ 艾瑞森、拉福斯和耶勒等学者认为，通过共同的保护和管理原则，有可能实现各种海洋制度之间的一致性。④ 恩格伦德等学者认为，制度互动的研究者应运用更复杂的模型来管理海洋治理制度的碎片化问题，重点是促进现有制度间协同乃至整合。⑤

近年来，西方学界对中国等新兴经济体在全球海洋治理领域日益增长的影响力给予了密切关注。金砖国家（即巴西、俄罗斯、印度、中国和南非）所采取的海洋政策，被认为可能破坏并削弱工业化经济体从后殖民海权中继承的主导地位，国际海洋制度（包括环境法规）可能将被强制改变，以适应经济权力从西方向东方的转移。⑥

3. 关于全球海洋治理主体的研究

主权国家是全球海洋治理的主要行为体，发挥着主导作用。在全球海洋治理中具备优势地位的传统海洋强国由于拥有强大的影响力，掌握着设置国际议程的直接渠道，而实力相对弱小的国家多借助国际组织或社会智库等间接渠道

---

① Juda Lawrence, "Consideration in Developing a Functional Approach to the Governance of Large Marine Eco-systems," *Ocean development and international law* 30, no. 2 (Jun. 1999): 89-125.

② Davis B. W, "Contemporary Ocean and Coastal Management Issues in Australia and New Zealand: An Over-view," *Ocean and Coastal Management* 33, no. 1-3 (1996): 5-18.

③ Felicia Coleman, Laura E, Petes, "Getting Into Hot Water: Ecological Effects of Climate Change in Marine Environments," *Southeastern Environmental Law Journal*, 17, (2009): 339.

④ Ardron Jeff A., Rayfuse Rosemary, Gjerde Kristina and Warner Robin, "The Sustainable Use and Conserva-tion of Biodiversity in ABNJ: What Can be Achieved Using Existing International Agreements?," *Marine pol-icy* 49, (Nov. 2014): 98-108.

⑤ Englender Dorota, Kirschey Jenny, Stöfen Aleke and Zink Andreas, "Cooperation and Compliance Control in Areas beyond National Jurisdiction," *Marine policy* 49, (Nov. 2014): 186-194.

⑥ Ehlers Peter, "Blue Growth and Ocean Governance-how to Balance the Use and the Protection of the Seas," *WMU Journal of Maritime Affairs* 15, no. 2 (Oct. 2016): 187-203.

设置国际议程。①

政府间国际组织（Intergovernmental Organizations，IGOs）是制定和实施海洋治理制度的实际行为体，以联合国系统机构（UN System Agencies）为核心。美国学者奥兰·杨以联合国"可持续发展目标"的形成和确立为例，专门研究了全球治理中的目标设定。② 亨克·奥贝克认为，在国家和次国家层面，各种应对全球性问题的跨国社会运动、跨国倡议网络以及类型多样的公私伙伴和民间型治理合作机制迅速发展，形成了"包括政府间规制与超政府规制的结合、公私合作体制以及私人权威与自我规制的形式"在内的、"联合了公共与私人的力量"的多样性制度结构。③

非政府组织（Non-Governmental Organizations，NGOs）、科学家、智库及企业等非国家行为体已成为全球海洋治理的重要参与者，并日益发挥重要作用。非国家行为体凭借专业领域的深厚知识或对特定地区的深入了解，往往能代表特定群体的利益发声，并提出具有高度针对性的建议或见解，是全球海洋治理的重要智力来源。瑞秋·卡德曼等学者通过研究2015年加拿大大选后两个重要的非政府组织——加拿大世界自然基金会和生态行动中心，旨在增进对非政府组织在海洋保护区决策中作用的理解，特别是关注非政府组织如何在正式和非正式过程中使用信息来履行其促进海洋保护的任务。④ 蕾拉·哈儿瓦等学者研究了包括非政府组织在内的利益攸关方参与海洋和沿海保护区决策的进程，从而对该区域治理机制的有效性进行评估，并探索实现善治的途径。⑤ 弗劳森等认为，智库高水平的研究能力和专业知识、高度的组织自主性和长远的

① Mansbach Wayman, *In Search of Theory：A New Paradigm for Global Politics*（*Book Review*）（Washington，D. C.：Heldref Publications，1981），p. 138.

② Oran R. Young, Governing Complex Systems：Social Capital for the Anthropocene（MA：The MIT Press，2017），第三部分、第五章《目标设定作为一种治理策略（Goal-Setting as a Governance Strategy）》.

③ Henk Overbeek, "Global Governance：From Radical Trans-formation to Neo-liberal Management," in Henk Overbeek, Klaus Dingwerth, Philipp Pattberg and Daniel Compagnon（eds），"Forum：Global Governance Decline or Maturation of an Academic Concept," in *International Studies Review*，12，（2010）：700.

④ Rachael Cadman and Bertrum H. MacDonald, et al., "Sharing victories：Characteristics of collaborative strategies ofenvironmental non-governmental organizations in Canadian marine conservation," *Marine Policy* 115，（2020）：1.

⑤ Havard Leïla, Brigand Louis and Cariño Micheline, "Stakeholder participation in decision-making processes for marine and coastal protected areas：Case studies of the south-western Gulf of California, Mexico," *Ocean and Coastal Management* 116，（*Nov.* 2015）：116-131.

视野对全球政策制定有着直接的影响。① 海洋综合管理需要开展海洋的跨学科研究，并推动科学参与政策。特别是复杂的海洋管理问题往往跨越生态和政治边界，并涉及竞争性需求，科学家需要提供多样性的意见，帮助决策者理解科学建议中的潜在冲突。针对不同问题，科学家也会表现出对优先事项的不同意见，一些科学家优先考虑生态问题，另一些则更关注沿海资源利用或全球环境变化等。意见分歧主要以学科为基础，因此实施跨学科研究和促进科学参与政策具有重要意义。② 企业在全球海洋治理中的作用有待进一步加强。企业部门作为具有强大影响力的利益相关者，其社会责任能否有效地独立运作令人质疑，需结合政府监管并与非政府组织建立伙伴关系。③

4. 关于全球海洋治理价值的研究

由于价值在海洋治理中难以准确评估，全球海洋治理研究领域中的相关成果相对较少。

关于可持续发展（saustainable development，SD），联合国陆续发布了《21 世纪议程》、"千年发展目标"和《变革我们的世界：2030 年可持续发展议程》（*Transforming Our World：the 2030 Agenda for Sustainable Development*）。《21 世纪议程》是 1992 年在里约热内卢召开的联合国环境与发展大会上通过的，它是一份全球可持续发展的行动蓝图，涉及经济、社会和环境三个维度的发展问题。"千年发展目标"是 2000 年联合国千年首脑会议上通过的八项目标，是《21 世纪议程》的进一步具体化和量化，为实现可持续发展设定了明确的目标和指标。《变革我们的世界：2030 年可持续发展议程》是在2015 年联合国可持续发展峰会上正式通过的，它涵盖 17 个可持续发展目标（Sustainable Development Goals，SDGs）和 169 个具体目标。该议程的目标是在全球范围内推动社会、经济和环境三个维度的均衡发展，以实现从 2015 年至 2030 年可持续发展道路的转型。它在"千年发展目标"的基础上进一步扩展和深化，不仅包含了"千年发展目标"的内容，还增加了新的维度和目标，

---

① Fraussen Bert and Halpin Darren, "Think tanks and strategic policy-making: the contribution of think tanks to policy advisory systems," *Policy sciences* 50, no. 1, (Mar. 2017): 105-124.

② Crowell B and Turvold W, "Illegal, Unreported, and Unregulated fishing and the lmpacts on Maritime Security," https://www.jstor.org/stable/resrep26667.18? seg=1#metadata _info_ tab_ contents.

③ Pronk D andVan der Graaf, "Outpost of Empire: Base Politics with Chinese Characteristics," http://www. istor. com/stable/resrep24651.

如气候变化、经济不平等、创新和伙伴关系等。这三个文件共同构成了联合国推动全球可持续发展的完整框架。

为了实现全球范围内的可持续发展，联合国寄希望于各成员国将可持续发展目标（SDGs）充分"内化"（internalizing）到各自的国内治理中。[①] 但各国对可持续发展的认知和实现存在巨大差距。《联合国海洋法公约》和联合国可持续发展《21世纪议程》第17章勾画了以可持续发展（SD）为目标的海洋治理框架，但SD三项原则——预防（precaution）、整合（integration）和社区管理（community-based management），并未得到完全遵守。[②] 部分学者采用环境政治学、环境经济学等交叉学科的研究方法，认为蓝色经济概念体现了保护未来海洋系统和满足紧迫发展的双重需求，但海洋环境正承受着巨大压力。因此，应以综合性的世界海洋战略（an integrated world oceans strategy）为指导，长远来看可能会建立一个海洋相关国际机构密切合作的平台——世界海洋组织（World Oceans Organization），辅之以区域性海洋管理组织。经济学家对市场化和非市场化海洋生态系统服务的经济价值进行了货币化评估。一方面，经济学的视角有利于公众和政策制定者更直观地认识到保护海洋生态的重要性，并促使政治机构将海洋政策纳入行动计划；另一方面，这种货币化的评估方法也存在争议，可能削弱了可持续发展（SD）理念中试图重建的对自然的尊重，以及人与自然和谐共生的理念。

总体而言，国外学术界关于全球海洋治理的研究主要有以下特点。第一，充分认识到全球海洋问题的突发性、多样性和严峻性，提倡海洋善治。研究主要围绕海洋塑料污染、过度捕捞、气候变化对海洋的影响、海洋酸化以及非国家管辖海域的治理等新议题展开，但这些新议题的研究还比较分散，尚未形成系统化的理论体系。第二，重视海洋治理制度的研究。制度是全球海洋治理研究最核心的问题。主要探讨了制度的设计是否有效以及如何发挥制度的有效性等问题。第三，对全球海洋治理的价值反思不足。用经济学的视角对海洋治理进行货币化评估，可能会削弱可持续发展理念试图重建人类与自然和谐相处的努力，因此需要建构更具时代性、包容性的价值理念。

---

① Tremblay David, Gowsy Sabine, Riffon Olivier, Boucher Jean-François, Dubé Samuel and Villeneuve Claude, "A Systemic Approach for Sustainability Implementation Planning at the Local Level by SDG Target Prioritization：The Case of Quebec City," *Sustainability* 13, no. 5, （Mar. 2021）：2520.

② Morrison Tiffany H., Adger Neil, Barnett Jon, Brown Katrina, Possingham Hugh and Hughes Terry, "Advancing coral reef governance into the anthropocene," *One earth* 2, no. 1, （Feb. 2020）：64-74.

（二）国内研究现状

国内海洋治理研究起步较晚，与国外的相关研究相比，在时间上、研究的广度和深度上都存在明显差距。随着全球性海洋问题不断引起国际社会治理的关注，以及中国综合国力的增强和海洋利益的拓展，自 2014 年起，国内学者对全球海洋治理的研究迅速升温，呈现出蓬勃发展的态势。

2018 年，国内学者对全球海洋治理的研究达到高潮。这一趋势体现在《中国海洋大学学报（社会科学版）》2018 年第 1 期和《太平洋学报》2018 年第 4 期推出的《全球海洋治理》专栏中，发表了一系列文章。这些文章涵盖了多个方面：

从理论角度，对全球海洋治理的主体和目标进行了深入的阐述。

在实践层面，为中国参与全球海洋治理提出了具体的对策和建议。从宏观角度分析了全球海洋治理的整体框架；从区域角度（如南海、南太平洋等），探讨了区域海洋治理的具体问题和策略；讨论了海洋治理的传统领域，如渔业资源的管理和保护；同时，引入了海洋治理的新议题和新因素，如海洋微塑料污染问题和科技进步对海洋治理的影响。[①]

总之，这些文章涵盖了宏观与微观视角、全球治理与区域治理区分、传统议题与新议题交织等内容，不仅丰富了全球海洋治理的学术研究，也为中国在全球海洋治理中发挥更大作用提供了理论支持和实践指导。主要表现在以下几个方面：

第一，从国内政策层面开展全球海洋治理研究。

---

① 这些文章包括，袁沙：《全球海洋治理：从凝聚共识到目标设置》，《中国海洋大学学报（社会科学版）》2018 年第 1 期；崔野、王琪：《中国参与全球海洋治理若干问题的思考》，《中国海洋大学学报（社会科学版）》2018 年第 1 期；刘晓玮：《新中国参与全球海洋治理的进程经验》，《中国海洋大学学报（社会科学版）》2018 年第 1 期；邵华斌、唐议、黄硕琳：《基于渔业透明度建设的海洋生物资源养护制度探析》，《中国海洋大学学报（社会科学版）》2018 年第 1 期；韩雪晴：《全球公域治理：全球治理的范式革命?》，《太平洋学报》2018 年第 4 期；胡志勇：《积极构建中国国家海洋治理体系》，《太平洋学报》2018 年第 4 期；吴世存、陈相秒：《论海洋秩序演变视角下的南海海洋治理》，《太平洋学报》2018 年第 4 期；郑海琦、胡波：《科技变革对全球海洋治理的影响》，《太平洋学报》2018 年第 4 期；梁甲瑞、曲升：《全球海洋治理视域下的南太平洋地区海洋治理》，《太平洋学报》2018 年第 4 期；黄硕琳、邵华斌：《全球海洋渔业治理的发展趋势与特点》，《太平洋学报》2018 年第 4 期；王菊英、林欣珍：《应对塑料及微塑料污染的海洋治理体系浅析》，《太平洋学报》2018 年第 4 期。

包栢坤、蔡静、孟晨在《中国参与全球海洋治理研究》一文指出，中国在全球海洋治理中的积极地位和主导作用，源于国内治理的成功。为更好地参与全球治理，中国需先强化国内海洋治理，推动治理能力和体系现代化。具体措施包括：在顶层设计上，明确海洋治理的原则、理念、目标和路径，建立政策法律规划交流平台，为参与全球治理奠定坚实基础。

在法律体系建设上，确立海洋管理基本政策，构建符合国情、能提升治理效能的体制机制，理清法律关系，完善以海洋安全、生态、资源为重点的法律体系，与海洋强国建设相匹配。在借鉴与创新上，借鉴他国经验和《联合国海洋法公约》，深化治理体制改革，创新治理方式，弥补法律不足，积极推进法律建设，提升海洋法治水平。崔野、王琪在《中国参与全球海洋治理研究》一文中指出，我国参与全球海洋治理首先要练好内功，完善国内海洋治理，进一步深化国内海洋管理体制改革，建立一套符合国情、运转高效的体制机制，消除制约海洋治理效能提升的各种障碍因素，形成若干可复制、可推广的治理经验并对外传播，促进海洋软实力与海洋硬实力的协调增长。叶泉在《论全球海洋治理体系变革的中国角色与实现路径》一文中指出，为适应建设海洋强国和参与全球海洋治理的现实需求，我国应完善国内涉海法律体系。这一体系应当是国家的宪法，海洋基本法，各涉海行业的法律、行政法规、部门规章以及地方性法规和规章等法律法规文件的系统组合。

第二，海洋治理与海洋管理的区分研究。

孙悦民的文章介绍了海洋治理与海洋管理、海洋行政管理和海洋综合管理的联系与区别，包括基于时间序列的发展、管理主体纵横交错、管理对象各有侧重，作者特别提及法治手段是海洋管理的重要手段，强调依法管理，但是这里的"法"主要指国内法而非国际法，且文中没有提及依法管海需要依据的机制和规则。[1] 王琪、刘芳在《海洋环境管理：从管理到治理的变革》一文中从理论背景的角度出发，归纳了海洋治理与海洋管理的区别。他们指出，随着海洋管理的主体日益多元化、海洋环境管理客体的转变、海洋环境管理手段的多样化和海洋环境管理目标的战略性变化，海洋管理逐步开始向现代海洋治理转变。刘大海、丁德文、邢文秀、刘芳明在《关于国家海洋治理体系建设的探讨》一文中认为，治理有别于管理，治理涉及政府、企业等多元主体，通过法律和各种其他非强制性契约，在更宽广的领域内多向度地开展工作，具有明显

---

[1] 孙悦民：《海洋治理概念内涵的演化研究》，《广东海洋大学学报》2015 年第 2 期。

的协商特征。而管理则主要指政府或其他公权力主体，通过国家法律自上而下在政府权力范围内开展行政管理工作。张海文在《全球海洋治理与中国海洋发展》一书中指出，海洋治理与海洋管理有着巨大区别。治理是一种由共同的目标支持的活动，治理活动的主体具有多元性，未必是政府，也无须依靠国家的强制力量来实现。治理既包括政府机制，也包括非正式的、非政府的机制。管理主体则以政府为主，需通过法律、行政等强制手段实现目标。王阳在《全球海洋治理法律问题研究》一书中提出，海洋治理与海洋管理的区别在于，治理倡导主体间的协商与合作，这种协商合作强调主体之间的伙伴关系，突破了管理过程中的行政命令方式，能够更好地实现治理主体间的合作。

第三，各国海洋治理政策的比较研究。

姚朋在《当代加拿大海洋经济管理、海洋治理及其挑战》一文中，以加拿大当代海洋经济、海洋经济管理和海洋治理为研究对象，以海洋经济和海洋治理的关系考察为主线，着重介绍了当代加拿大海洋经济管理和海洋治理现状、加拿大海洋环境保护的主要措施及其考量，并分析了加拿大海洋治理面临的困境和挑战。郑海琦在《欧盟海洋治理模式论析》一文中指出，在海洋治理领域内，欧盟的海洋治理模式依据治理能力划分为竞争型和主导型。其中，竞争型治理以制度竞争为主要手段，通过国际规则处理与全球其他行为体的互动关系；主导型治理下，欧盟发挥关键性作用，推广规范和标准。在海洋治理领域外，欧盟的海洋治理模式依据治理能力和治理意愿划分为参与型和兼容型。在参与型治理下，欧盟发挥辅助性作用；在兼容型治理下，欧盟倾向于减少制度竞争，推动治理机制对接。然而，欧盟海洋治理模式面临治理能力与意愿不匹配、成员国协调困难和主体地位弱化的局限性。刘瑞在《东南亚海洋塑料垃圾治理与中国的参与》一文中认为，东盟及其成员国已从加强政策规划、推动研究创新、强化公众教育和引导企业参与等方面开展了海洋塑料垃圾治理行动。然而，东南亚地区海洋塑料垃圾治理具有明显的国家主体性、外部参与性和合作网络的匮乏性，面临制度化程度低、治理资金不足、主导协调不力的现实困境。在此基础上，他提出中国应思考如何将本国经验转化为区域方案，引导区域蓝色经济发展，并驱动多元主体积极参与海洋塑料垃圾治理，同时推动区域海洋塑料垃圾治理体系的构筑。王郦久、徐晓天在《俄罗斯参与全球海洋治理和维护海洋权益的政策及实践》一文中指出，近三十年来俄罗斯出台了一系列海洋战略和政策文件，将参与全球治理与维护海洋权益密切结合，力争通过加大在北冰洋和北极地区海上权益的拓展，巩固在南极的战略地位。俄罗斯处理海洋事务的这些方式，既有力地维护和扩大了俄罗斯的海洋利益，也为国际解决海洋问题提供了一种范式。这一范式对我国维护海洋利益和加强海洋治理具有一定启示作用。李雪威、李鹏羽在《欧盟参与全球海洋塑料垃圾治理的进展及对中国启示》一文中指出，在全球主义路径下，欧盟重视联合国环境规划署的核心地位，与主要大国协同领导，建立双边、多边伙伴关系，对区域俱乐部进行能力建设。在区域主义路径下，欧盟实现了区域海洋环境治理一体化，出台了专门的塑料战略，强化了多利益攸关方治理。但现阶段美国单边主义行动、基于规则的塑料垃圾治理理念缺乏支持、成员国治理的进度不统一等因素，都给欧盟的海洋塑料垃圾治理带来了挑战。借鉴欧盟的经验并结合本国实际，中国应完善海洋塑料垃圾治理体系，加强社会公众参与度，推动区域海洋塑料垃圾治理以及全球塑料协定的达成，构建海洋垃圾治理全球伙伴关系。

第四，全球海洋治理领域的研究。

傅梦孜、陈旸在《大变局下的全球海洋治理与中国》一文中提出，中国在新时代背景下参与全球海洋治理需秉持中国理念，构建具有国际认同度的治海理论；制定行动方略，结合中国实际与未来格局，设计具体部署；注重实践策略，在各领域坚持问题导向，系统规划，协调推进。文章从海洋国际秩序、环境保护、经济发展、科技发展、安全及海上传染病应对等六个方面，提出了中国参与全球海洋治理的具体建议，旨在确保中国在全球海洋治理中稳步前行，实现长远发展。姜秀敏、陈坚在《BBNJ协定下中国参与公海渔业资源养护的可行性路径探析》一文中指出，中国应在全球海洋治理的整体布局下，积极开展全球渔业资源养护主体多层次的友好合作，促进国际软法在渔业政策执行中的硬法化，全方位构建我国渔业资源治理体系。这不仅有助于中国在BBNJ协定中发挥表率作用，也能推动中国在渔业领域的可持续发展。张丛林、焦佩锋在《中国参与全球海洋生态环境治理的优化路径》一文中认为，当前，我国正处于加快建设海洋强国的关键时期。无论是应对与解决全球海洋生态环境问题，还是确保自身海洋战略利益，我国都应全方位参与全球海洋生态环境治理。因此应完善顶层设计、健全责任体系、推进协同治理、搭建资金机制，助推我国深度参与全球海洋生态环境治理。

第五，法律、国际法和国际规制在海洋治理中的作用研究。

惠荣、齐雪薇在《全球海洋环境治理国际条约演变下构建海洋命运共同体的法治路径启示》一文中指出，国际条约是全球海洋环境治理的重要法律基础。当前，相关条约呈现主体多元、内容前瞻、规则动态、谈判复杂、冲突加剧及效力扩张的趋势。中国应顺应这些变化，以"海洋命运共同体"理念为指导，积极参与并引领全球海洋环境治理的国际法治进程。裴婉飞、郑苗壮、刘岩在《论依法治海：法律在实现海洋"善治"中的作用》一文中认为，法律在现代化的海洋治理中具有不可替代的作用。文章介绍了欧盟的海洋法律体系，并以欧盟近十年来的立法实践为例，从法治、连贯性、战略导向和透明度四个层面，论证了法律在欧盟海洋治理中的作用，在此基础上总结了可供中国借鉴的经验。王阳在《全球海洋治理法律问题研究》一书中指出，法律、国际法和国际规制在海洋治理中的作用主要表现为：分配国家之间的权力和义务，实现"定分止争"；为国际社会成员参与海洋治理、实现国际合作提供基本框架；海洋法律制度中的价值取向是全球海洋治理的重要理念。

第六，全球海洋治理理念及治理制度关系研究。

主要涉及海洋命运共同体理念与全球海洋治理之间关系的探讨，凸显了"海洋命运共同体"这一中国方案在全球海洋治理中的独特价值与贡献。作为人类命运共同体在海洋领域的拓展与实践，海洋命运共同体理念为全球海洋治理提供了一种全新的思路和方向。其核心理念是强调各国间海洋利益的共商共享，推动构建和谐海洋命运共同体。

段克、余静在《"海洋命运共同体"理念助推中国参与全球海洋治理》一文中，阐释了"海洋命运共同体"这一全球海洋治理理念的内涵意义，在此基础上提出深度参与联合国框架下的全球海洋治理的制度设计和议程设置，构建海洋强国建设法制保障体系等制度建设的对策建议。张卫彬、朱永倩在《海洋命运共同体视域下全球海洋生态环境治理体系建构》一文中指出，在海洋命运共同体理念下，设计关键要素时需充分考虑体系内各主体的话语权诉求、利益分配诉求及观念诉求，并确立相应的评估体系和制度。游启明在《"海洋命运共同体"理念下全球海洋公域治理研究》一文中认为，完善全球海洋公域治理需秉持"海洋命运共同体"理念。中国可以从加强治理能力建设、深化治理机制改革、主动宣扬和践行"中国话语"三方面出发，积极参与全球海洋公域治理进程，贡献中国智慧和中国方案。

第七，关于NGOs参与全球海洋治理的研究。

俞祖成、欧阳慧英在《NGOs如何参与全球海洋治理：一个文献综述》中指出，关于 NGOs 参与海洋治理的学术研究正处于上升期，研究议题主要集中于海洋生态环境治理，但整体研究数量和质量有待提高；国内外研究呈现出一定的差异，国内研究较为笼统，内容多有重复，而国外研究更扎实，通过田野调查、访谈等方法针对具体问题展开研究。未来，可继续加强经验研究和实证研究，分析 NGOs 在不同政治环境中的参与价值；拓展政策研究和机制研究，探究 NGOs 有效参与海洋治理的机制；补充比较研究和内部管理研究，寻找 NGOs 参与困境的破解之道。另外，还需加强与基础理论的对话，创新方法，从理论、方法和领域等多方面进一步展开。

通过对国内目前海洋治理研究的梳理，可以发现以下几点：第一，关于全球海洋治理体系的研究成果较少，对全球海洋治理体系的历史演进也少有涉及。第二，对海洋治理和海洋管理的关系认识并不明确，经过长时间的发展后，才逐渐有明确区分。第三，海洋治理研究大多局限在国内层面，缺乏国际视野。第四，海洋治理研究多聚焦于管理学、国际关系等学科，从法律层面对海洋治理制度的探讨相对较少且不够深入。第五，海洋治理研究呈现出"由宏观到微观"的研究路径。国内学者到 2013 年左右才明确提及全球海洋治理，此后研究逐步深入和细化，主要涉及海洋渔业资源养护和海洋环境保护以及全球、区域、双边和国内等多层次的海洋治理实践。然而，当前大多数研究更倾向于探讨海洋治理的具体问题，缺乏对整个海洋治理制度的宏观视角。第六，关于海洋命运共同体理念的研究，主要聚焦于内涵、价值以及解决全球海洋治理具体困境的实践路径。但缺乏理论化、系统化分析，以及海洋命运共同体理念究竟在何种层面以及如何对全球海洋治理体系的困境发挥指导作用的探讨。

第二章　全球海洋治理体系的概念界定

自 20 世纪 80 年代以来，随着全球治理的兴起，全球海洋治理也迅速发展。在国际层面，联合国秘书长在 2017 年 9 月 6 日发布的《海洋与海洋法》报告中称，将启动 2018 年海洋可持续发展规划，以有效提升海洋治理。2015年 9 月 25 日，联合国大会发布《变革我们的世界：2030 年可持续发展议程》指出，可持续发展的目标之一就是大洋、海域和海洋资源的保护和可持续利用。① 在区域层面，欧盟于 2016 年 11 月 10 日发布《国际海洋治理：一项我们海洋未来的议程》（International Ocean Governance：an Agenda for the Future of Our Ocean），对海洋面临的威胁、海洋治理的必要性及欧盟的角色作出了规定。② 在国内层面，2018 年我国召开的全国海洋工作会议强调，"深度参与全球海洋治理，务实推进蓝色伙伴关系"。在此背景下，有必要厘清治理、全球治理、全球海洋治理和全球海洋治理体系的基本内涵，并深化对全球海洋治理及其治理体系的认识和研究。

全球海洋治理涉及治理理论与全球治理理论两大基本理论，两者是全球海洋治理的基本理论依据。

▶▶ 一、治理的概念

"治理"这一概念最早可追溯至 13 世纪晚期，但它真正进入现代学术研

---

① Transforming Our World：the 2030 Agenda for Sustainable Development，available at https：//sustainable development. un. org/post2015/transformingourworld.

② International Ocean Government：an Agenda for the Future of Our Ocean，available at https：//ec. europa. eu/maritimeaffairs/policy/ocean-governance_ en.

究领域并流行起来是在 20 世纪 80 年代末，主要由西方政治学者与管理学者提出。① 在最初的使用过程中，"治理"区别于"统治"的特征并未显现，二者常在国家公共事务及国家与社会关系的探讨中交替使用，治理只是被看作一种新的统治形式。② 自 20 世纪 90 年代起，随着社会关系与结构的深刻变化，"治理"理念逐渐强调政府应向社会赋权，以实现政府与社会的多元共治，体现社会层面的多元自我治理。这一理念自此开始影响国际社会，并延续至今。

《现代汉语词典》（第 7 版）将治理（governance）定义为"控制、管理"。③《牛津英语词典》（*Oxford English Dictionary*）对治理有多种定义，它来源于中世纪英语中的"统治者"（governor）一词，其核心的构成要素包括统治、行为、控制、规则、规章等含义。④ 全球治理理论的主要创始人詹姆斯·罗西瑙（James N. Rosenau）认为，治理"虽然没有正式的权力授予，却能良好地发挥效用"，因为它"是由一系列共同目标所支持的活动"。⑤ 他将治理定义为一系列活动领域的管理机制，并提倡"没有政府的治理"（governance without government）。国内学者俞可平认为，治理指官方或者民间的管理组织在既定范围内运用公共权威维持秩序，满足公众的需要，它包括必要的公共权威、管理规制、治理机制和治理方式。

关于治理的定义有多种表述，其中最具代表性和权威性的是联合国全球治理委员会⑥（Commission on Global Governance，CGG）在《我们的全球伙伴关系》研究报告中的定义。联合国全球治理委员会将治理定义为：治理是各种公共或私人的个人和机构管理其共同事务的多种途径的总和。治理是一个公共

---

① 张乐磊：《全球海洋治理视阈下的"北海治理模式"研究》，中国海洋大学出版社，2021，第 28-29 页。
② 俞可平：《治理与善治》，社会科学文献出版社，2000，第 1 页。
③ 中国社科院语言研究所编：《现代汉语词典》（第 7 版），商务印书馆，2016，第 1066 页。
④《牛津英语词典》对"治理"的定义包括：1. 统治的机构、功能及权力，统治的权威机构；2. 个人、机构或者事务去统治；3. 生存及行为方式；4. 通情达理且富有道德感的行为；5. 控制、命令或者施加影响；6. 被统治的国家、良好的秩序；7. 治理国家、人民、一项活动或者某人意愿的行为和事实，指令、规则和规章；8. 某一事务被治理或者规制的方式，管理方法，规章体系。参见 Oxford English Dictionary Online，available at http：//www. oed. com/view/Entry/80307？redirected From = governance#eid.
⑤ 罗西瑙：《没有政府的治理：世界政治中的秩序与变革》，张胜军、刘小林等译，江西人民出版社，2001，第 5 页。
⑥ 联合国全球治理委员会是 1992 年在德国总理维利·波兰特等的倡议下成立的。

管理过程，包含公共权力、管理规则、治理机制和治理方式等要素。[1]

"治理"侧重于治理的方式和方法，而"统治"（govermment）则侧重于公共机构的结构与功能。二者的主要区别在于：第一，在权威基础上，治理的权威主要源于公民的认同和共识，它建立在多数人的认可和共识之上；而统治的权威主要源于政府的法规命令，即使没有多数人的认可，统治照样可以发挥其作用。第二，在主体参与性上，治理与传统的政府统治不同。治理倡导包括政府、私营部门、非政府组织、社区团体等在内的多元主体之间的平等协商与合作；而统治则通常是由政府单方面自上而下地行使权力和发布行政命令。第三，在权力的运行向度上，治理的权力运行是多元的、相互的，它通过合作、协商、伙伴关系等方式，实现上下互动的管理过程；而统治的权力运行方向则是自上而下的，政府运用政治权威，通过制定和实施政策来管理公共事务。第四，在规则体系上，治理既可以依据正式的规则体系，也能够适用非正式的制度安排，包括一系列决议、宣言、指南等软法；而统治则主要依赖于正式的、由政府制定的法律和规章制度来实施管理。第五，在目标导向上，治理追求的是"善治"，即公共利益最大化的社会管理过程，强调合法性、法治、透明性、责任性等；而统治则与"善政"相联系，更多关注政府的有效性和权威性。第六，在管理范围上，治理的范围远远超越了统治的范围，它能够突破国家边界的限制，上升到区域和全球层面，实现区域治理和全球治理；而统治的范围通常限于政府权力能够有效到达的地方。国内学者杨雪东指出，治理与统治的区别在于：前者强调的是以问题为导向的、高度弹性化的管理过程，而后者则是一种以形式为根本的、较为固化的制度结构。[2]

≫ 二、全球治理

当治理跨出国界，上升到全球层面时，就产生了全球治理。冷战结束后，国际政治经济秩序面临全球化的新发展形势。一方面，科技进步和人类认识水平的提高，使人类活动逐渐突破一国的边界，促进了商品、技术、资本、人员等生产要素的跨国流动，但同时也引发了跨国犯罪、环境污染、恐怖主义、金

---

[1] 马海龙：《区域治理：一个概念性框架》，《理论月刊》2017年第11期。
[2] 杨雪冬：《近30年中国地方政府的改革与变化：治理的视角》，《社会科学》2008年第12期。

融危机等全球性问题。国内问题的国际化，使得传统国家在处理国内问题时仅依靠立法、行政命令、司法裁决等方式已然不足。另一方面，长期受地缘政治的影响，国家间往往采取强制性的争端解决方式，但是这种地缘政治的逻辑无法解决一系列复杂的全球性海洋问题。国际社会正从地缘政治向全球治理过渡，需要摒弃强制性的争端解决方式，采取协商对话，达成联合的、共同行动的共识，借助有拘束力的全球性治理机制和各种非正式的安排解决共同问题。

国际机构和国际组织是"全球治理"的首创者和引领者。1995 年，全球治理委员会发表了报告《天涯成比邻》，提出了"全球治理"的概念。同年，该委员会创办了一份专门讨论全球治理的全新学术期刊《全球治理》，扩大了治理概念的适用范围。在这一年里，该术语的使用量增加了 3 倍，并在随后的 10 年里增长了 23 倍，之后才逐渐减弱。

在学界，"全球治理"从 20 世纪 90 年代开始逐渐盛行，并出现了"全球治理""世界治理""国际治理""国际秩序的治理""没有政府的治理""全球秩序的治理"等多种表述。关于它的概念和理论体系，学界展开了广泛的讨论，但至今尚未形成定论。

全球治理是在全球化背景下应运而生的。全球治理的概念"植根"于治理理念，是通过多元主体间的互动与合作，共同应对和解决全球性挑战的一个动态过程。"全球治理"也是"治理"在全球层次上的延伸与应用，遵循了"治理"的基本内涵与核心原则。詹姆斯·罗西瑙认为，"全球治理是小到家庭、大到国际组织，所有人类活动都涉及的规则体系（system of rule），这种体系源于共同目标，产生国际上的影响"。但这个定义过于宽泛，把所有具有规则性质的跨国性影响活动都囊括在内，缺乏实质性的界定与解释。① 吉姆·惠特曼从六个角度阐释全球治理的含义，认为全球治理是"一种高度概括的现象"，是"国际组织的行为"，是"国家与非国家活动"，是"对具体领域的管理"，是"霸权自由主义的对立面"，也是"公共政策网络合作伙伴"。② 日本学者星野昭吉认为，全球治理是一种"多元主体为了解决共同问题而进行的合

---

① Lawrence S. Finkelstein, "What is global governance?," *Global Governance: A Review of Multilateralism and International Organization* 1, no. 3, (1995): 367-372.

② Whitman J. Palgrave, *Advance in Global Governance* (London: Palgrave Macmillan, 2009), p. 139-159.

作"。① 国内著名的全球治理研究者俞可平认为，"全球治理指的是通过具有约束力的国际规制解决全球性的冲突、生态、人权、移民、毒品、走私、传染病等问题，以维持正常的国际政治经济秩序"。但在全球治理的价值判断和目标取向上，中外学界基本是一致的。

综合权威学者以及相关理论，"全球治理"是指为了应对全球性公共问题和提升全球公共利益，国家和非国家行为者，包括各种公共和私人组织以及个人，在多层级的网络结构中，通过建立和执行正式或非正式的、具有约束力的国际规则（regimes），对全球多领域的事务进行协同与合作的过程。

关于全球治理与国际治理（international governance）的区别，在价值追求上，全球治理着眼于全人类的福祉，将全人类的诉求作为善治的重要考量，这是其与国际治理的主要分水岭。在治理主体上，全球治理不仅包括国家行为者，还强调非政府组织（Non-Governmental Organizations，NGOs）在全球治理议程中不仅是参与者，而且在解决全球问题的过程中发挥至关重要的作用。在历史阶段上，自 15 世纪地理大发现到"二战"前，国际会议和国际事务的主要参与者都是主权国家，这一时期的国际事务治理都可称为国际治理，而非全球治理。而"二战"后，特别是冷战结束后，随着人类跨国界活动广度和深度的加速，过去主要依靠大国协调一致解决问题的局面已发生改变，需要多元化的治理主体协商解决、通力合作。相应地，国际治理也逐渐向全球治理转变。

▶▶ 三、全球海洋治理

全球海洋治理涉及海洋治理和全球海洋治理两个概念。

（一）海洋治理

1972 年，被誉为"海洋之母"的伊丽莎白·曼·鲍基斯创办了国际海洋学院，并发起了第一届世界海洋和平大会（Pacem in Maribus，每两年举办一届，该会议的发起被视为海洋治理的里程碑）。她认为，海洋治理是一个由政

---

① 星野昭吉：《全球政治学》，刘小林、张胜军译，新华出版社，2000，第 277–278 页。

府、地方社区、行业以及其他"利益相关方"共同参与管理海洋事务的体系。这个体系是由国内法律、国际法律、公共法律、司法裁决、习俗、传统、文化以及这些要素共同构成的机构和程序所组成的一个综合系统。

20 世纪 90 年代，全球治理（特别是全球环境治理）的理论研究与国际实践进入了蓬勃大发展阶段。当时，环境治理理念深入人心，海洋领域也受到深刻影响。① 从《联合国海洋法公约》的内容规定也可以看出，20 世纪 70 年代，各国谈判代表已有了开展合作以共同应对和解决海洋问题的海洋治理意识。例如，该公约前言第三段明确指出："意识到各海洋区域的种种问题都是彼此密切相关的，有必要作为一个整体来加以考虑。"此处，《联合国海洋法公约》第十二部分专门规定了海洋环境的保护和保全，旨在防止、减少和控制海洋环境污染。② 与此同时，面对全球性的海洋问题，传统的海洋管理模式逐渐显得力不从心，社会对于采取更有效的措施来减轻海洋生态环境压力和威胁的需求日益迫切。

在这一背景下，"海洋治理"作为一个专有术语，由美国海洋法学者万·戴克于 1993 年提出③。之后，耶蒙德（Germond）指出，海洋治理的目标是使国家和非国家利益相关方能够以最佳方式利用海洋空间、管理海洋资源，规制、组织和监控人类活动、海上的货物和人员流动。④

（二）全球海洋治理

1999 年，罗伯特·L. 弗里德海姆将全球海洋治理界定为："制定一套公平、有效地分配海洋用途和资源的规则和做法，提供解决冲突的手段，以获取和享受海洋惠益，特别是缓解相互依赖世界中的集体行动问题"⑤。

全球海洋治理的提出，深受全球治理理论的影响，是其在全球海洋实践中的具体应用。在基本目标上，全球海洋治理与全球治理相似，都以有效应对日

---

① 张海文：《全球海洋治理与中国海洋发展》，浙江教育出版社，2023，第 53 页。

② 同上书，第 54 页。

③ Van Dyke and Jon M, *Freedom for the Seas in the 21st Century：Ocean Governance and Environmental Harmony*（Washington，D. C.：Island Press，1992）.

④ Germond Basil，"Clear skies or troubled waters：The future of European ocean governance," *European View* 17，no. 1，（Apr. 2018）：89-96.

⑤ Friedheim Robert L.，"Ocean Governance at the Millennium：Where We have been-Where We should Go," *Ocean and Coastal Management* 42，no. 9，（Feb. 1999）：747-765.

益严峻的全球性问题为目的，区别仅在于两者应对的具体领域不同。在价值理念上，全球海洋治理认同并遵循全球治理所倡导的推动多元主体共同协商行动、关注全人类共同福祉、实现资源可持续开发和利用等价值理念，以实现海洋善治、人与自然和谐发展的目标。随着海洋地位的凸显和全球治理理论的不断完善，全球海洋治理通过吸纳全球治理的养分，不仅拓展了全球治理的领域，而且丰富、发展和深化了全球治理的理念和实践经验。

关于全球海洋治理的界定，中外学者有两种不同的观点：一种观点将全球治理的概念"嫁接"到全球海洋治理中，国内学者普遍持此观点。[①] 在这种情况下，全球治理中的相关因素，如全球海洋问题、多元治理主体、海洋治理机制、协调合作等，就渗透到全球海洋治理中。这样的界定方式突出了全球海洋治理对治理理论和全球治理的继承，但没有显现出海洋治理的独特性。另一种观点与此相反，国外学者则强调海洋治理的独特性，如海洋治理的原则[②]、新的治理方法[③]、国家管辖外海域治理[④]。可见，界定全球海洋治理概念时，一方面应突出这一概念对治理理论和全球治理理念的吸收和借鉴，即二者的共性；另一方面则要突出它在具体领域和议题上对治理理论和全球治理理论的发展，即全球海洋治理的独特性。

综上所述，全球海洋治理指主权国家、政府间组织、非政府组织、跨国集团、个人等各个治理主体，通过具有约束力的国际规制，采取广泛的协商合

---

① 刘大海：《从"管海"到"治海"全面提升海洋治理水平：论国家海洋治理体系的理论内涵》，《中国海洋报》2015年6月15日，第3版；黄任望：《全球海洋治理问题初探》，《海洋开发和管理》2014年第3期；王琪、崔野：《将全球治理引入海洋领域：论全球海洋治理的基本问题与我国的应对策略》，《太平洋学报》2015年第6期；孙悦民：《海洋治理概念内涵的演化研究》，《广东海洋大学学报》2015年第2期。

② Freestone David, "Modern Principles of High Seas Governance: The Legal Underpinnings," *Environmental Policy and Law* 39, no. 1, (Feb. 2009): 44-49; Freestone David, "Principles Applicable to Modern Oceans Governance," *The International Journal of Marine and Coastal Law* 23, no. 3, (2008): 385-391; Oude Elferink and Alex G, "Governance Principles for Areas beyond Jurisdiction," *The International Journal of Marine and Coastal Law* 27, no. 2, (Jan. 2012): 205-259.

③ Baird Rachel, "A dual Approach to Ocean Governance, the Case of Zonal and Integrated Management in the International Law of the Sea," *Melbourne Journal of International Law* 10, no. 1, (2009): 394-398.

④ Narula Kapil, "Ocean Governance: Strengthening the Framework for Conservation Marine and Biological Diversity Beyond Areas of National Jurisdiction," *Maritime Affairs* 12, no. 1, (Jan. 2016): 65-78; Warner Robin and Rayfuse Rosemary, "Securing a Sustainable Future for the Oceans Beyond National Jurisdiction: The Legal Basis for an Integrated Cross-Sectoral Regime for High Seas Governance for the 21st Century," *The International Journal of Marine and Coastal Law* 23, no. 3, (2008): 399-421.

作，共同解决全球海洋问题，以实现人海和谐共处和海洋善治的动态过程。

◆》》 四、全球海洋治理体系

（一）全球海洋治理体系的相关概念

从发展过程来看，"海洋治理"理念从20世纪70年代出现萌芽，到90年代被正式提出，至今不过四五十年的时间。在这一过程中，治理理念在人类开发利用海洋的实践中不断转化为具体行动，发展形成了一套适应新时代发展需求的应对和处理全球海洋事务的新的规则、制度、结构等的系统，即全球海洋治理体系。

当前的全球海洋治理体系是以《联合国海洋法公约》为核心，协同国际海事组织（International Maritime Organization，IMO）以及联合国下属其他专门机构制定的各类有硬法或软法效力的国际规制，包括治理原则、规范、标准、政策、协议、程序、条约、公约和宣言等构成的各种正式的和非正式的规则体系。除了条约和习惯法，一些国际软法文件在海洋治理中发挥着越来越重要的作用。例如，1992年联合国环境与发展大会上通过的《里约宣言》（*Rio Declaration*）和《21世纪议程》中的一些重要原则，如预警（风险防范）原则、可持续发展原则等，已逐渐发展成国际习惯法。[1] 现有的全球海洋治理体系已在包括航行安全、国家海洋管辖边界的划设与管理、维护生物多样性与保护海洋环境在内的诸多领域取得了显著成就，在全球治理的发展实践中发挥着不可替代的推动作用。[2] 然而，全球海洋治理体系在整体上也呈现出治理缺位、治理体系不完善，治理机制碎片化、协调性缺失，治理结构失衡和治理成效不足等特点，迫切需要进行变革和转型。

根据全球治理体系内涵的延伸，全球海洋治理体系主要有以下四点新含义：第一，新的海洋治理层级。全球海洋治理形成了地方、国家、区域和全球的四个海洋治理层级。一方面，全球海洋治理需要在地方、国家、区域和全球四个治理层级去实现。另一方面，地方、国家、区域和全球四个层级的海洋治

---

[1] 张海文：《全球海洋治理与中国海洋发展》，浙江教育出版社，2023，第61页。
[2] 同上书，第65页。

理是全球海洋治理体系的有机构成，全球海洋治理体系不是替代已有不同层级的治理结构的另一套系统，而是尝试对现有层级进行整合和优化，使不同层级的治理成为有机融合的一体。第二，新的海洋制度安排。涉及多层次、宽领域、多主体参与的海洋制度安排，制度的制定和实施是各方共同作用的结果。第三，新的海洋治理网络。海洋治理是一个系统工程，需要多主体、多层级、跨领域的协商合作，优势互补，以应对突发的海洋问题和挑战。新的治理网络主要体现在治理主体上，即掌握不同信息与技术的主体间可以实现资源的优化配置。除了主权国家，还包括国际组织、非政府组织、跨国公司、民间团体甚至个人。这是由多元主体参与的，形成的具有合作协商精神的公正、平等的治理网络，以确保治理决策的科学性和合理性。第四，新的海洋治理目标和价值理念。以维护人类的共同利益为目标，对海洋资源进行可持续开发和利用，实现人海和谐共处与发展。

上述全球海洋治理过程中的复杂性和跨界性，也决定了全球海洋治理体系必然是一个跨界性的系统工程。不论是治理目标、治理主体、治理客体、治理规制，还是治理效果，都不会是单一的，而必须是成系统的。

综上所述，全球海洋治理体系是指在全球海洋治理过程中，多元化行为体相互联系、相互影响和相互作用，形成治理目标、治理制度、治理格局、治理结构和治理效果的集合，最终形成的一个复杂的治理的过程和系统。

（二）全球海洋治理体系的要素构成

关于全球海洋治理的基本构成要素，在国外研究中，最广泛引用的是鲍基斯的三要素论。她认为，海洋治理的综合系统中有三个至关重要的组成部分：法律框架、机制框架和实施工具。鲍基斯的观点得到了其他学者的肯定。D. 皮克认为，有效的海洋治理需要涉及全球议定的国际规则和程序、基于共同原则的区域行动、国内法律框架和综合政策。[①] 丽萨·M. 坎贝尔则认为，全球海洋治理有三个重要主题：行为者（actor）、规模（scale）和知识（knowledge）。行为者包括：联合国及其机构、科学家和科学合作、非政府组织、私人主体。规模是指全球海洋治理的规模大，涵盖地球70%的区域，以及不同参与者如何利用规模推动特定议程。知识则是指将过去被隐藏或不可得的海洋知

---

① Pyc Dorota, "Global Ocean Governance," *International Journal on Marine Navigation and Safety of Sea Transportation* 10, no. 1, （Apr. 2016）: 159-162.

识可视化。①

独立世界海洋委员会（Independent World Commission on the Oceans）的观点与上述观点不同，其提出了海洋治理的五个要素，包括团结（unity）、紧迫（urgency）、潜力（potential）、机会（opportunity）和托管（trusteeship）。团结要求摒弃将海洋划分为一系列单独海域的传统观点；紧迫要求认识到现有的海洋利用方式所带来挑战的严重性；潜力是指如果对海洋进行创造性和良好的运用，海洋将会为人类带来额外福祉；机会则是指当前全球环境和公众关于海洋对人类生存重要性日益增强的认识所带来的可能性；托管则鼓励公众和社会为海洋健康投入更多积极的努力。②

在国内研究中，刘晓玮从全球海洋治理的主体、客体、价值、制度四个方面开展研究。她认为，全球海洋治理的客体是全球性海洋问题；全球海洋治理的核心要素是制度，如何构建有效制度、制度如何有效实施是当前最紧迫的课题；全球海洋治理的主要主体是国家，企业、科学家是全球海洋治理的重要参与者，政府间国际组织是制定和实施制度的实际行为体；现有研究成果对全球海洋治理的价值思考过少，但是共识建设需要一个基本价值要素。王琪、崔野将全球海洋治理的基本构成要素分为四种类型，即目标、规制、主体、客体。袁沙等认为，全球海洋治理的主体有国家行为体、国际政府间组织、国际非政府组织、跨国公司四类。其中，将客体分为四大类：一是全球海洋污染问题；二是全球海洋生态破坏问题；三是海盗即海上恐怖主义问题；四是海洋争端，主要包括海洋领土及领海争端。

综上所述，全球海洋治理的目标、主体、客体、规制和效果构成了治理体系的五个关键要素，如图2-1所示。第一，全球海洋治理体系的目的和意义是什么？即为什么要提出这一目标？全球海洋治理面临紧迫任务，具体包括：亟须改善海洋生态环境，实现海洋资源的合理开发，有效应对各类海洋突发事件，以及切实维护海洋安全。从长远来看，是为了在这一治理体系的框架内，解决全球性海洋问题，缓解海洋引发的利益冲突，维持世界海洋秩序，维护全人类的共同福祉，最终实现海洋善治。

---

① Campbell Lisa M, Gray Noella J, Fairbanks Luke, Silver Jennifer J, Gruby Rebecca L, Dubik Bradford A and Basurto Xavier, "Global oceans governance: new and emerging issues," *Annual Review of Environment and Resources* 41, no.1, (Oct, 2016): 517-543.
② 张海文：《全球海洋治理与中国海洋发展》，浙江教育出版社，2023，第63页。

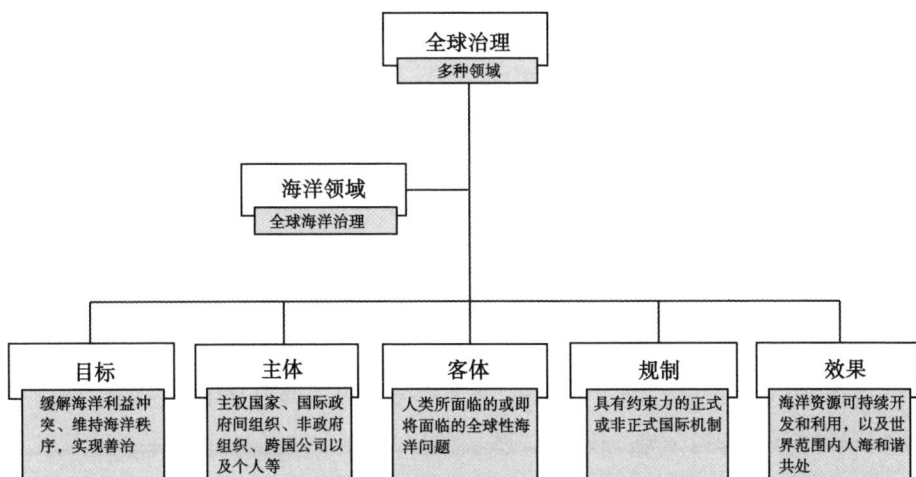

图 2-1　全球海洋治理体系的基本要素

　　第二，在这一体系中，谁负责实施全球海洋治理？即全球海洋治理体系的主体是哪些？主体是指制定和实施相关海洋规制的组织机构，即谁来进行全球海洋治理。当前，全球海洋治理体系的主体主要包括主权国家、国际政府间组织、非政府组织、跨国公司、智库和科研机构、科学家、公民和社区组织等。这些行为主体将共同承担解决和处理全球性问题的责任。

　　第三，要治理什么？即全球海洋治理体系的客体是什么？全球海洋治理需要解决的是那些跨越国界、对全人类福祉构成挑战或潜在威胁的海洋问题，主要包括海洋安全、海洋环境、海洋资源的开发与利用、全球气候变化、海洋突发事件的应急处理等五个方面的问题。可以从秩序、环境和人三个维度来深入理解海洋治理体系的客体。首先，秩序是全球海洋治理的首要客体，它涉及如何通过国际规则和协商合作，确保海洋利益的合理分配和海洋资源的可持续利用，维护海洋的和平与稳定。其次，环境是全球海洋治理的重要客体，它涉及在全球气候变化对海洋生态环境综合作用的情况下，如何有效进行海洋治理，促进海洋生态的可持续发展。最后，人是全球海洋治理的终极客体，全球海洋治理通过规制人类行为，减少人类对海洋的破坏性活动，确保海洋环境的健康和海洋资源的可持续利用。

　　第四，依靠什么进行全球海洋治理？即全球海洋治理的国际规制有哪些？国际规制是指用以规范各国涉海行为和维持正常的国际海洋秩序而形成的一系列规则体系。这一体系不仅包括具有法律约束力的正式文件，如条约、公约、协议等，也涵盖宣言、原则、规范等非正式但同样重要的指导性原则。国际规制是全球海洋治理的核心要素，对于全球海洋治理的实施效果起着至关重要的作用。

第五，全球海洋治理体系将要取得什么效果？全球海洋治理体系主要关注人类共同的利益，追求人类共同价值的治理，实现人与自然和谐共处和可持续发展。

（三）全球海洋治理体系的规制架构

全球海洋治理的规制架构主要包含两部分：第一部分是全球海洋治理的规则和制度体系。即以《联合国海洋法公约》为核心，协同国际海事组织以及联合国下属其他专门机构制定的各类有硬法或软法效力的治理规则。第二部分是全球海洋治理的机制和机构。

当前的全球海洋治理体系是全球海洋治理的规则和制度体系，主要由国际法和各类国际文件及其所包含的主要原则构成。第一，国际法方面（国际"硬法"），主要包括联合国主导的全球海洋法律制度逐渐形成。其标志为联合国海洋法会议通过的"日内瓦海洋法四公约"（1958 年）和《联合国海洋法公约》体系（1982 年）以及其他所有的涉海国际条约。例如，"二战"后，联合国于 1958 年召开第一次海洋法会议，通过了《公海公约》《大陆架公约》《公海渔业和生物资源养护公约》《领海与毗连区公约》。2023 年 6 月 19 日，关于国家管辖范围以外区域海洋生物多样性保护问题的第五次政府间会议一致通过了《〈联合国海洋法公约〉下国家管辖范围以外区域海洋生物多样性的养护和可持续利用协定》等。

第二，国际文件（国际"软法"）方面，主要包括联合国及其所有所属机构、其他国际组织、重要的国际会议所达成的国际共识，通常以决议、决定和倡议等方式呈现。[①] 例如，由联合国发起的全球海洋发展合作项目——"海洋十年"倡议（United Nations Decade of Ocean Science for Sustainable Development，UN DOS），于 2021 年 1 月启动。这一倡议虽不具有强制约束力，但它作为一个全球性的、包容性强的、以科学为基础的行动框架，对于推动海洋领域的国际合作和科学进步具有重要的指导和规范作用，对全球海洋治理产生了

---

① 张海文：《全球海洋治理与中国海洋发展》，浙江教育出版社，2023，第 66 页。

深远影响。除了全球海洋治理的总体制度框架，一些单一议题的海洋治理制度也在逐步完善，尤其体现在海洋环境议题方面。例如，1995 年由联合国环境规划署（UNEP）发起的《保护海洋环境免受陆上活动污染全球行动纲领》（The Global Programme of Action for the Protection of the Marine Environment from Land-based Activities，GPA），该纲领的目的是应对陆源污染对海洋环境造成的影响。以上这些海洋国际法、国际条约、公约和决议等为全球海洋治理提供了规则和制度保障。总之，全球海洋治理的制度框架是以《联合国海洋法公约》为法律基础，以联合国专门机构和相关组织为管理机构，以各国、各利益攸关方为参与主体，围绕海洋污染、渔业资源、海洋生态、气候变化、航运安全、国际海底区域、海洋遗传资源等问题作出的制度性安排。在此框架下，一方面，各国根据《联合国海洋法公约》对其大陆架和专属经济区行使主权和管辖权。另一方面，各国、国际组织之间以及各国与国际组织间强化了紧密合作，共同推进了一系列旨在保护海洋环境、促进资源可持续利用的合作举措、项目及行动方案。

依据相关国际条约和文件设立的国际海底管理局、国际海洋法法庭、大陆架界限委员会、国际海事组织、联合国教科文组织政府间海洋学委员会、相关区域渔业管理组织等一系列涉海机构，构成了全球海洋治理的主要机制。

王琪、周香认为，全球海洋治理的制度体系由四重维度构成：一是形成了以《联合国海洋法公约》为核心，以涉海国际公约、协定、议定书等正式法律形式为主，以联合国声明、谅解备忘录、国际组织的决议及行动计划等不具备正式法律效力的涉海国际协议为补充的全球海洋治理的国际规则；二是形成了由联合国框架下的联合国海洋大会、国际海事组织、国际海底管理局、大陆架界限委员会、国际海洋法法庭、联合国教科文组织政府间海洋学委员会及联合国环境规划署等组成的全球海洋治理的国际机构；三是形成了为治理特定海洋领域问题而成立的全球海洋治理的国际政府间组织及国际非政府组织；四是形成了涉及各个海洋治理领域的国际会议和国际安排等一系列全球海洋治理的国际机制。

《联合国海洋法公约》确立的内水领海、毗连区、专属经济区、大陆架等制度，为成员国在上述相关区域行使相应的权利提供了国际法依据。《联合国海洋法公约》的制定生效，为国际海洋新秩序的建立和发展奠定了良好基础。其所确立的一系列现代海洋制度有力地促进了海洋自由与控制、分享与独占之间的新平衡，为全球海洋治理注入了新的活力。在全球海洋治理体系兴起阶段，国际海洋治理规则及框架逐渐形成。这些国际制度对海洋治理主体加以引导和约束，以和平的方式调和利益与冲突，为全球海洋治理的进一步发展奠定了基础。

然而，现有国际海洋规则之间存在不同程度的冲突，国际涉海机构之间管辖权重叠或出现规制盲区，涉海机构之间协调性差，导致海洋公共产品的供给不足，治理效能不高。因此，需增强海洋国际合作和协调机制，明确各涉海机构的职责和管辖范围，提高国际海洋规制的一致性和执行力，确保海洋治理的有效性和效率。

（四）全球海洋治理体系的目标设定

全球性海洋问题（如海洋公域、公海渔业、海底矿产等）属于全球公共问题，事关全人类的共同利益和福祉，任何国家、组织和个人都不应以单独或联合的形式将海洋资源据为己有。因此，构建全球海洋治理体系的核心目标在于，共同应对各类重大的跨界海洋问题，可持续利用海洋及其资源，保护海洋生态环境，改善海洋健康状况，维护海洋生态平衡。通过多边协商与全球协作的机制，确保海洋资源为全人类所共有、共治与共享，最终实现人与自然和谐共处的目标。

（五）全球海洋治理体系的价值遵循

在价值理念上，全球海洋治理认同并遵循全球治理所倡导的多元主体共同协商、关注全人类共同福祉、资源可持续开发和利用，以实现海洋善治、人与自然和谐发展等价值理念。

在多元主体共同协商行动上，全球海洋治理体系强调多元主体的参与和协作，包括国家、国家间组织、非政府组织、智库和科研机构、跨国公司，以及公民个人和社区组织等。这些主体通过平等协商、共同参与的方式，形成治理合力。这种协商模式，确保了治理过程的公开透明，促进了各方利益的均衡表达，为海洋治理的公正性和有效性奠定了坚实基础。

在关注全人类共同福祉上，全球海洋治理体系将全人类共同福祉作为其核心价值取向之一。海洋作为地球上最大的生命支持系统，其健康与稳定直接关系到全人类的生存与发展。因此，治理体系致力于通过科学合理的决策与行动，保护海洋生态环境，促进海洋资源的公平分配和可持续利用，以实现全人类的共同利益。

在资源的可持续发展和利用上，国际社会已普遍将实现海洋生态环境的可持续发展作为核心共识。1987 年，联合国世界环境与发展委员会在《我们共同的未来》报告中首次将可持续发展定义为："满足当代人的需求，又不对后代人满足其需求的能力构成危害的发展"①。在全球海洋治理体系中，资源的可持续开发与利用被赋予了新的内涵。治理体系不仅着眼于满足当前时代对海洋资源的需求，更将目光投向未来，致力于确保海洋资源的长期可持续利用和代际公平。因此，治理体系强调在严格保护海洋生态环境的基础上，进行合理、有序的资源开发活动，这也是构建海洋命运共同体的应然要求。

综上所述，全球海洋治理体系的核心价值遵循体现了对全球治理理念的深刻理解与创新发展，这为构建更加公正、合理、有效的全球海洋治理体系提供了价值引领和行动指南。

---

① "Report of the World Commission on Environment and Development: Our Common Future," UN, (1987): 40-41. https: //sustainable development. un. org/content/documents/5987our-common-future.

第三章　全球海洋治理的理论基础与实践

≫ 一、全球海洋治理的理论基础

在理论层面上，全球海洋治理主要体现为对全球治理理论的继承和扩展。全球治理的全球主义范式是指多元治理主体在全球治理中发挥主导作用的治理范式，其理论基础是"两枝理论"。① 该理论也为应该如何治理全球性问题提供了思考路径。

在对全球治理问题的探讨中，最具代表性的是詹姆斯·N. 罗西瑙等提出的"两枝理论"（Bifurcated Theory）。20 世纪 90 年代初，罗西瑙首次提出"没有政府的治理"的理论命题，将政治分为国内政治和国际政治两个相互关联的系统。他认为，无论在哪个层面，政府的权力都趋于有限，随着非政府组织、市民社会和个人等非国家行为体作用的日渐凸显，它们将在全球语境下，基于协商性共识进行合作治理。② 2000 年，罗西瑙进一步拓展其理论，提出"新复合多边主义"设想，主张"以联合国及其相关制度为中心，拓宽多种国际机制与跨国合作政策的网络"。③

全球主义范式非常适用于全球海洋治理，这是由此范式的主要特征决定的。其主要具有以下特征：第一，权威的分散化。涉海治理权威向两个方向转

---

① 戴维·赫尔德、安东尼·麦克格鲁：《治理全球化———权力、权威与全球治理》，曹荣湘、龙虎等译，社会科学文献出版社，2004，第 11 页。

② James N. Rosenau and Ernest-Otto Czempeil, *Governance without Government*: *Order and Change in World Politics*（Cambridge University Press，1992），p. 7.

③ 刘小林：《全球治理理论的价值观研究》，《世界政治与经济论坛》2007 年第 3 期。

移：垂直向其他治理层级转移和水平向非国家行为体转移。[①] 第二，治理的层级化。层级化治理主要包含地方海洋治理、国家海洋治理、区域海洋治理和全球海洋治理四个层级。第三，治理方式的跨界协同。掌握不同信息与技术的主体间可以实现信息的共享和资源的优化配置，实行跨界协同。第四，达成共识的协商性。权威的分散、层级化治理和跨界协同，要求在处理和解决全球性海洋问题时具有协商精神。而多元化的治理网络，要求各行为主体在协商一致的基础上最终达成共识，进行合作治理，这是实现全球海洋治理的基本途径。上述特征集中反映了全球海洋治理体系多元、平等、协商、合作的四个核心思想，这些核心思想构成了全球海洋治理体系的理论内核。

二、全球海洋治理的相关实践

全球海洋治理在实践层面上，主要涉及不同海洋治理层级和具体海洋问题的治理实践。

（一）不同治理层级的海洋实践

海洋治理主要分为地方海洋治理、国家海洋治理、区域海洋治理和全球海洋治理四个层级的治理。海洋相较于陆地，具有显著的流动性和相对自由性。海洋治理是从不同层级实现的，地方、国家、区域海洋治理都属于部分海洋治理，部分海洋问题极易转化为全球海洋问题。因此，地方、国家、区域海洋治理是全球海洋治理的基础和有机构成，全球海洋治理是地方、国家、区域的各个治理层级的整合和优化，使之成为有机融合的一体。

1. 地方海洋治理

地方海洋治理是以地方政府为主导，与各行为主体共同应对地方海洋问题，实现海洋公共服务和海洋事务管理的全过程。它是一个动态的、组织化的网络体系。地方治理的思想起源于 20 世纪 80 年代的英国，后来逐渐扩展到世界其他国家和地区。地方海洋治理涉及多方利益相关者的协作，包括中央政

---

① 石晨霞：《试析全球治理模式的转型——从国家中心主义治理到多元多层协同治理》，《东北亚论坛》
2016 年第 4 期。

府、地方政府、私营部门、自治组织、非政府组织、具有地方影响力的地方及国际机构，以及广大公民等。其核心目标是有效解决地方海洋领域的公共问题，并建立一个灵活、能够迅速响应外部变化、激发地方海洋发展潜力的治理机制。地方海洋治理的挑战在于，在多中心治理结构中，如何确保各参与主体在追求自身利益的同时，能够实现相互合作、保持信任。地方海洋治理与全球海洋治理紧密相连，是全球海洋治理体系的有机组成部分。全球海洋治理的实施依赖于地方层级的具体实施，通过二者之间的互动，以更有效地应对全球海洋问题的多样性和复杂性。

2. 国家海洋治理

国家海洋治理是以国家为主导，与各行为主体共同解决海洋问题、管理海洋事务、提供海洋服务的全过程，即在国家层面进行的针对海洋的统筹治理。国家海洋治理的核心主体是中央政府。虽然在全球治理的过程中国家的地位和作用受限渐深，但并不意味着国家的核心地位可以被轻易取代。国家海洋治理的目标是提升国家海洋治理的合法性和有效性，塑造国家在海洋治理中的权威，并提升海洋治理能力。国家海洋治理面临的挑战主要是如何妥善处理与全球海洋治理的关系，特别是在当前去全球化趋势显现和国家主义倾向增强的背景下，如何有效调和、平衡全球层级与国家层级的利益诉求，成为亟待深入思考的问题。

3. 区域海洋治理

近年来，海洋事务中涌现的全球性难题与挑战，有力地促进了区域间合作的快速发展。区域组织，如欧盟在海洋治理中发挥着愈加重要的作用。区域海洋治理主要依赖于主权国家间的协同合作以及区域性国际组织或海洋管理委员会的引领，形成区域性的海洋治理框架。全球海洋治理必然有跨越国界的合作与协调，且全球规则难以规范特定的区域问题，所以主权国家更倾向于通过区域性的策略来解决问题。一方面，区域海洋治理可以是全球海洋治理特定的区域项目；另一方面，地方化海洋治理将全球性的多边海洋合作机制与本地海洋治理的议题相结合，实现全球议程的区域化。在推进区域海洋治理时，可通过在相关区域和国家内实施本地化治理策略、开展联合治理行动以及建立次区域海洋管理制度等措施，实现区域海洋治理的有效目标。

4. 全球海洋治理

上述三个层次的治理是全球治理的有机构成，它们的治理实践不断丰富和拓展全球海洋治理的广度和深度。全球海洋治理可分为"软治理"和"硬治理"。"软治理"主要指主权国家达成共识基础上的治理。"硬治理"主要指各行为主体在治理过程中采取制度共建、利益共享、责任共担、问题共解的理念和行动，[①] 推动海洋治理从"结构松散的治理"向"体系整合的治理"转变。

（二）具体海洋问题的治理实践

全球海洋治理源于应对因人类海洋活动的无限扩大而产生的全球性海洋问题，主要包括海洋安全、海洋生态环境、海洋资源的开发与利用、全球气候变化、海洋突发事件的应急处理五个方面。

从主权、安全和利益的角度来看，主权国家和国际政府组织在海洋安全、海洋资源的开发和利用、应对海洋突发事件等方面发挥了重要作用。从生态环境和气候变化的角度来看，非政府组织因其较强的专业能力、技术专长和实际操作能力，在推动海洋生态环境保护和应对全球气候变化方面发挥了重要作用。

1. 全球海洋安全治理

海洋安全问题可分为两大类：一类是传统海洋安全问题，主要涉及国家间对海洋领土的争夺与竞争；另一类是非传统海洋安全问题，这类问题主要涉及对海洋主权国家及人类生存发展构成的各种威胁，包括海上交通安全、海上犯罪活动、非法捕捞、生态环境安全、海上突发事故和海上自然灾害等。传统海洋安全问题，以国家为主导，需通过政治谈判和协商的方式来解决。非传统海洋安全问题主要由多元行为体参与，需实现从"权力逻辑"向"能力逻辑"的转变，确保更有能力和贡献力的行为体（国家和非国家行为体）拥有更多的话语权和决策参与权。在传统的全球海洋治理中，决策权和话语权主要取决于实力的大小这样一种"权力逻辑"。事实上，在一些全球性海洋问题解决的过程中，一些中小国家、跨国公司甚至公民个人，比一些大国更能发挥积极作用，而大国有时出于自身利益，利用本国的经济和军事实力干涉别国内政，成

---

① 韩雪晴：《全球公域治理：全球治理的范式革命?》，《太平洋学报》2018 年第 4 期。

为全球海洋秩序的破坏者。

实现海洋治理中"权力逻辑"向"能力逻辑"的转变，是全球海洋治理体系变革的出发点和基本方向。例如，建立和完善海上多边执法的国际合作机制①，是解决非传统海洋安全问题的一个有效途径。中国参与的海上执法国际合作实践有两个较新实例：一是"北太平洋地区海岸警备执法机构论坛"（NPCGF）；二是索马里海域打击海盗行动。② 但受国际国内法律因素、执法体制因素和地缘政治竞争等影响，海洋多边执法的国际合作仍面临诸多挑战，无法顺利开展。

2. 全球海洋资源的开发和利用

海洋蕴藏着丰富的资源，包括能源、生物及其他资源。随着海洋技术的发展和人类海洋活动的不断扩大，全球海洋资源治理问题成为国际社会关注的焦点。在这一治理过程中需实现三个平衡。一是国家海洋经济与区域、全球海洋经济之间的平衡。一国对海洋资源的开发和利用，要兼顾其他国家或全人类的利益，不能妨碍其他国家的海洋活动，避免进行竞争性甚至掠夺性开采，防止造成海洋利益单享而责任共担的不公平治理乱象。以国际海底管理局（ISA）为例，该组织在治理深海矿产资源方面展现了实践智慧。ISA 负责监管"区域"内（即国家管辖范围以外的海底）的矿产资源开发，确保活动有序、公平且符合全人类利益。它制定规则，促进国际合作，确保资源开发不损害海洋环境，同时考虑对发展中国家的影响，努力实现海洋经济与环境保护、人类福祉的平衡。二是海洋经济和海洋环境之间的平衡。对海洋资源的善治有助于改善海洋环境，形成完善的海洋保护机制。例如，加拿大创建了各类海洋保护区，如海洋生态保护区、野生海洋生物保护区以及国家级海洋保护区等，对保护区域内的经济活动实施严格管理，以此维护生物多样性，促进海洋经济与海洋生态环境之间的和谐共生与可持续发展。三是海洋开发利用与人类福祉之间的平衡。以海上风能为例，联合国环境规划署通过与国际组织、各国政府及私营部门合作，推动海上风能项目发展。这些项目不仅为当地创造了大量就业机

---

① 海上执法国际合作主要在对海上力量的综合利用，包括在查处一般性违法、打击海上犯罪、搜救和赈灾等几个领域开展。合作的表现形式包括：信息沟通、人员互访、业务交流、人才培训、海上行动协调与配合、平台（船舶或飞机）共享等。海上行动的协调与配合则涵盖了情报交换、联合巡逻、共同执法、案件移交、司法协助、联合演习（桌面推演和实地演习）等方式。

② 黄任望：《全球海洋治理问题初探》，《海洋开发与管理》2014 年第 3 期。

会，推动了经济增长，还有效减少了温室气体排放，对缓解气候变化、保护人类生存环境具有重要意义。

3. 全球海洋突发事件的应急处理

一方面，需要塑造国际政府组织在处理海洋事务中的权威性、有效性和领导力。国际政府组织是涉海国际规则的制定者、海洋公共产品的提供者、全球海洋事务议程的倡导者，也是全球海洋治理体系的主要机制和平台。在海洋突发事件的应急处理上，国际组织应迅速发挥领导和协调作用，高效推动全球海洋合作，有效解决全球海洋问题，加强处理特定全球海洋事务的公平性和有效性。同时启动强力治理模式，制定具有约束力的监管措施，通过加强涉海国际组织的作用，使其在海洋治理特别是应急突发事件中发挥更具权威性和约束力的机制功能，从而有效规范和维护全球海洋秩序。另一方面，由于主权国家是全球海洋治理的主要参与者，国际政府组织能否调动各主权国家参与全球海洋治理的积极性至关重要。然而，由于主权国家在利益需求、知识经验、科学水平和治理能力等方面的差异，各国开展国际海洋合作的意愿和能力也存在巨大差距。例如，2021 年，某油轮在印度洋发生泄漏事故，导致大量原油泄漏入海，对海洋环境造成严重威胁。国际海事组织（IMO）迅速启动应急响应机制，协调相关国家和国际组织参与油污清理和救援行动。在 IMO 的协调下，多个国家派遣救援船只和飞机前往事故现场，共同开展油污清理和环境监测工作。同时，IMO 还组织专家团队对事故原因进行调查分析，为之后的防范工作提供了宝贵经验。

4. 全球海洋生态环境治理

海洋生态环境是海洋生物能够生存和发展的基本前提条件。海洋的健康状况关乎海洋生物多样性和整个地球生态系统。人类对海洋生态施加的各种压力，造成海洋环境污染、海洋生态破坏和海洋环境风险等问题。生态环境的任何改变都有可能引起生态系统和生物资源的变化。海水的有机统一性及其流动交换等物理、化学、生物、地质的有机联系，使海洋的整体性和组成要素之间密切相关。任何海域某一要素的变化，都不可能仅仅局限在产生的具体地点上，都有可能对邻近海域或者其他要素产生直接或者间接的影响。[①]

---

① 胡志勇：《海洋治理与海洋合作研究》，上海人民出版社，2022，第 161 页。

在气候问题上，海洋法主要是解决由气候变化带来的次级海洋问题，如海洋环境、资源、生态等问题，主要目标是缓解气候变化对海洋造成的负面影响。[1]《联合国海洋法公约》中并没有规定气候变化的内容。然而，气候变化导致的海洋酸化会影响海洋生态系统和海洋生物多样性，与此相关的海洋法律制度如《生物多样性公约》都存在适用的空间。[2] 1995 年，气候变化专门委员会（Intergovernmental Panel on Climate Change，IPCC）的附属科学和技术机构讨论了船舶温室气体排放在缔约国之间的分配问题，但是国际社会未能达成共识。[3] 鉴于国际海事组织在处理船舶污染方面的成就，以及船舶温室气体排放与海洋污染相关，这一职能被交给了国际海事组织，从而产生了《京都议定书》第 2 条第 2 款的规定。[4] 国际社会对于海洋气候变化后果的规制，正逐渐脱离气候变化法的范畴，延伸到海洋法的范畴内。

一是海洋环境污染治理。主要体现在近岸水体富营养化、海洋塑料污染和油气泄漏、化学品泄漏和核污染。随着各国工业化与城市化进程的加快，农业、养殖、城市废水、工业燃料燃烧等产生的物质，通过地表水、地下水甚至蒸发、降雨的过程进入海洋生态系统，造成近岸水体富营养化。[5] 近岸水体富营养化易导致大型藻类大量繁殖，造成部分海洋生物因水体缺氧而死亡，污染水体环境，进而影响人类健康。相关研究结果表明，到 2050 年将有 21% 的大型海洋生态系统面临富营养化风险，主要集中在东亚、南美和非洲区域。

海洋垃圾倾倒是海洋生态环境污染和破坏的首要原因。近年来，塑料垃圾无节制倾倒问题尤为突出。据联合国海洋事务和海洋法司 2016 年 1 月发布的"第一次全球海洋综合评估"中相关学者 2015 年的统计，2010 年 192 个沿海

---

[1] 王阳：《全球海洋治理法律问题研究》，武汉大学出版社，2023，第 261-265 页。

[2] Marcos A. Orellana，"Climate Change and the International Law of the Sea：Mapping the Legal Issue"，in Randall S. Abate ed.，*Climate Change on Ocean and Coast Law*（Oxford University Press，2015），pp. 265-266.

[3] Shi Yubing and Gullett Warwick，"International Regulation on Low-Carbon Shipping for Climate Change Mitigation：Development，Challenges，and Prospects，"*Ocean Development and International Law* 49，no. 2，（Apr. 2018）：134-156.

[4]《京都议定书》第 2 条第 2 款规定：附件一所列缔约方应分别同国际民用航空组织和国际海事组织一起谋求限制或消减飞机和船舶用燃油产生的《蒙特利尔议定书》未予管制的温室气体的排放。

[5] 杨振姣：《全球海洋生态安全形势与治理研究》，《人民论坛杂志》2023 年第 10 期。

国家产生了 2.75 亿吨塑料垃圾，其中 480 万吨至 1270 万吨塑料垃圾进入了海洋。① 目前，海洋微塑料污染是全球海洋治理的重点议题。海洋塑料污染主要来源于沿海城市、港口、航运活动和沿海垃圾场，塑料碎片进入海洋后，经过光解、机械和生物降解分解成微塑料。微塑料污染是指直径小于 5 mm 的塑料颗粒，由于工业垃圾大量排入海洋，而广泛分布于海洋之中。微塑料污染不仅造成海洋鸟类、哺乳动物等生物误食，严重危害海洋生态环境，而且给渔业和旅游业带来巨大的经济损失。

油气泄漏、化学品泄漏和核污染也会给海洋生态系统造成严重危害。石油泄漏是一种严重的环境灾难，对海洋生态系统造成深远的影响。

二是海洋生态破坏。海洋生态是整个地球生态系统的有机组成部分，对于地球的水源、空气、气候、温度和环境等都有重要的调节、循环和净化作用。然而，人类大规模开展的沿海工程建设活动已对红树林、湿地滩涂等自然生态系统造成了破坏，损害了海岸线的自然状态，导致部分海域和海岸带失去了其原有的抵御风暴潮侵袭、净化环境等重要的生态服务功能，造成海平面上升、海水水质恶化和海水酸化，进而导致海洋灾害频发。

三是海洋环境风险。除了外来海洋物种入侵外，过度捕捞和附带渔获物②问题也是全球海洋生态治理关注的重点内容。生态环境保护一直是非政府组织参与全球海洋治理最为成功的领域。它们不仅积极推动环保问题国际会议决策过程并提供咨询意见，还推动了世界环境保护方面的国际协调、合作与资金筹集工作。成立于1948 年的世界自然保护联盟（International Union for Conservation of Nature，IUCN）最先提出了著名的"可持续发展"概念，它是世界上最早成立也是知名度非常高的一个非政府组织。其工作重心包括制定关于海岸及海洋资源的保护与管理的各种策略及方案等。绿色和平组织（Greenpeace）自 1971 年起致力于海洋保护，倡议建立海洋保护区、推动全球海洋条约的签订、反对深海采矿和提高公众的海洋保护意识。其发起的"拯救我们的海洋"运动，在 2023 年推动了首个全球海洋条约的通过并在联合国开放签署。

5. 全球海洋气候治理

在全球范围内，气候变化引起的海洋环境变化主要表现为海水温度升高、

---

① "First Global Integrated Marine Assessment（First World O-cean Assessment）", UN, 2016, accesseal A-april 26, 2019, https://www.un.org/Depts/los/global_reporting/WOA_RPROC/Chapter_25.pdf.

② 附带渔获物（Incidental Catch）是指渔民在寻找商业物种时偶然捕获的任何海洋生物。

海平面上升和海洋酸化。这些变化引发了一系列物理和化学的连锁反应。人类活动与气候变化的相互作用，进一步加剧了对海洋生态系统的负面影响。此外，气候变化还会导致海洋生物的物种分布、活动规律和季节性模式发生变化，这可能会增加海洋生态灾害的发生频率和强度。

目前，学界对全球海洋气候治理的研究主要集中在将海洋气候变化纳入全球气候变化及其治理研究的整体框架中，而鲜少涉及海洋气候变化法律和规制方面的研究。非政府组织是气候变化相关国际会议中的常客。在格拉斯哥举行的第二十六届联合国气候变化大会场外会议上，海洋之神（Oceanus）组织就以"恢复和保护菲律宾的红树林与公众参与气候行动的必要性"为题发表了专题讲话。[1]

---

① 张海文：《全球海洋治理与中国海洋发展》，浙江教育出版社，2023，第154页。

第四章 全球海洋治理体系的历史 演进与规制变迁

≫ 一、全球海洋治理体系的历史演进

为了深入理解全球海洋治理体系所面临的挑战并有效应对全球海洋问题，我们的首要任务是全面把握全球海洋治理体系的历史发展脉络。从历史发展的视角，按照时间顺序，并结合全球海洋治理体系的内涵，可将其历史演进划分为四个阶段。一是前全球海洋治理体系阶段（远古时代至 15 世纪前）。古希腊、古罗马时期，海洋被视为无主物，主要为了"兴鱼盐之利，行舟楫之便"，实行海洋自由。二是全球海洋治理体系的萌芽阶段（15 世纪至 20 世纪 40 年代末 50 年代初），也称为权力维度的治理阶段。15 世纪的地理大发现，使得海洋成为联通世界的重要航道。由于垄断航道能够带来丰厚的利益，西班牙、葡萄牙、荷兰、英法等西欧海洋强国主要依靠武力和军事手段对海洋行使排他性权力，争夺对海洋航道的控制权，海洋自由逐渐让位于海洋主权。三是全球海洋治理体系的兴起阶段（20 世纪 40 年代末 50 年代初至 1982 年《联合国海洋法公约》的产生），也称为权利维度的海洋治理阶段。随着西方国家的殖民扩张，为了获取殖民地和原料产地，公海作为国家空间共同体，符合这些国家的最大利益。各国主要依靠海洋法律规制展开对海洋的竞争，从对海洋主权和权益、战略通道的竞争到对海洋本身的竞争，海洋主权逐渐让位于海洋自由。四是全球海洋治理体系的形成与调整阶段（1982 年至今），也称为责任维度的海洋治理阶段。这一阶段主要关注国际社会的整体利益和全人类的利益，而非单一国家的利益，强调人类对海洋的充分保护和合理利用。关于上述四个历史阶段的划分以及治理的特点，并不是绝对的，以上仅限于归纳不同阶段的

主要特点。

（一） 前全球海洋治理体系阶段 （远古时代至 15 世纪前）

该阶段也被称为无须治理的时期。15 世纪前，人类在海洋上的活动范围十分有限，基本上只有沿海地区，接触海洋的人也主要是沿海地区的居民，他们主要进行渔业活动。因此，人类对海洋认知的有限，认为主要是行鱼盐之利和舟楫之便。这一阶段，由于海洋作为世界连接通道的作用尚未被发掘，不同沿海地区的人们之间几乎没有联系和交集。古希腊人和古罗马人将海洋视为"无主物"，认为海洋不属于任何人。

总之，这一时期并没有人类进行全球海洋治理的痕迹，人们认为海洋是自由的，海洋处于无须治理的无主状态。

（二） 全球海洋治理体系的萌芽阶段 （15 世纪至 20 世纪 40 年代末 50 年代初）

该阶段也被称为全球海洋治理体系的萌芽阶段。这一阶段从地理大发现后开始，西欧主要国家通过航行手段进行全球贸易和殖民扩张，一直持续到 20 世纪初人们着手编纂海洋法。

这一时期，关于海洋地位最著名的争论是格劳秀斯"海洋自由论"（Mare Liberum）和塞尔登"闭海论"（Mare Clausum）之争。格劳秀斯认为，"海洋必须是自由的，因为人类不可能占领和划分像空气和海水那样广袤无垠的自然元素"；塞尔登则认为，"海洋和陆地一样，是可以被国家占有的，一些大国已经在特定大洋和海域行使航行和渔业管辖权"。① 由此可见，"海洋法的历史被海洋自由和主权这一持久和永恒的主题所主导"。不过，"海洋自由"与"海洋主权"并不截然对立，即使作为"海洋自由"坚定捍卫者的格劳秀斯，在《战争与和平法》中也承认大洋自由和沿岸国近海主权，为"公海自由"和"领海主权"的发展奠定了良好的基础。②

这一时期可以追溯至 15 世纪的地理大发现时期，欧洲探险家发现了新大

---

① Tullio Scovazzi, "The Evolution of International Law of the Sea: New Issues, New Challenges," *Recueil Des Cours* 286, （2000）: 63-66.
② 计秋枫：《格劳秀斯〈海洋自由论〉与 17 世纪初关于海洋地位的争论》，《史志月刊》2013 年第 10 期。

陆,开辟了新航线,进行环球航行,从而扩大了世界市场,推动了欧洲资本主义的发展。工业革命的兴起为造船业和航海技术带来了全新的物资支持和技术革新,使大型船只得以远航,海洋也因此从天然的屏障转变为连接的通道。因此,率先经历工业革命洗礼的欧洲沿海国家迅速崛起,不仅成为商业中心,还凭借强大的海上力量不断进行殖民扩张。在商业航行方面,欧洲国家在跨海贸易过程中形成了许多海商习惯规则,其中最著名的是海损规则,成为海商法的最古老和最核心规则。[1]

当时,西欧的海上强国主要通过航行手段进行全球贸易和殖民扩张活动。由于垄断航道所带来的丰厚的利益和财富能够及时反哺国内资本主义经济的发展,极大地增强了国力,西欧发达国家认识到了海洋的战略价值,它们依靠武力和军事手段对海上通道控制权和主导权展开争夺。早期对海洋主权的获得与陆地主权的获得类似,主要依靠武力手段来实现。这一时期的这些国家无一例外都拥有强大的国力和先进的海军,依靠军事手段实现对原料产地、殖民地和战略航道的三重控制。激烈的争夺导致海上强国之间频繁发动海洋战争,从而使战时海上法的发展先于平时海上法。战时海上法的编纂在 19 世纪已经起步,具有代表性的是 1856 年 4 月 16 日在巴黎签订的《巴黎海战宣言》和 1899 年 7 月 29 日在海牙签订的《关于 1864 年 8 月 22 日日内瓦公约的原则适用于海战的公约》。[2]

新航路开辟后,作为海洋大国的西班牙和葡萄牙率先提出了对海洋的主权要求。1492 年 9 月 25 日,教皇亚历山大六世发布赦令,将大西洋分给葡萄牙和西班牙。次年,《托德西拉斯条约》(Treaty of Tordesillas)确认了这一安排。自此,源自古罗马完全的海洋自由被法律瓜分海洋所替代,这一转变的动因并非国际法,而是当时最具影响力的大国的信念、需求和利益。[3]随后,其他海洋强国也纷纷提出本国的海洋主权主张,古希腊、古罗马时期的海洋自由逐渐让位于海洋控制和海洋主权。

然而,上述历史进程尚未达到现代意义上的全球海洋治理的程度。原因在于:其一,主导和参与治理的主体单一,主要是西方海洋强国,绝大多数沿海国和国际社会其他行为体尚无实际治理能力;其二,治理的客体单一,主要是

---

① 王阳:《全球海洋治理法律问题研究》,武汉大学出版社,2023,第 39 页。

② 王铁崖等编《战争法文献集》,解放军出版社,1986,第 1—2 页、第 21—24 页。

③ Arvid Pardo, "the Law of the Sea: Its Past and Future," *Oregen Law Review* 63, no. 1, (1984): 9.

针对海洋权力和利益的国家分配，这与现代意义上全球海洋治理的内涵相差甚远。因此，这个时期可谓全球海洋治理的萌芽期。

（三）全球海洋治理体系的兴起阶段（20世纪40年代末50年代初至1982年）

该阶段也被称为海洋权利治理阶段。这一阶段指的是从20世纪初人们着手编纂海洋法开始，到1982年《联合国海洋法公约》诞生的这段时期。该时期海洋治理的总体特征是从"权力本位"向"权利本位"过渡。这一变化与当时大的国际环境相关。经历两次世界大战，特别是第二次世界大战后，以联合国为中心的国际制度得以创建。作为联合国的基本法，1945年《联合国宪章》签字生效，秉承会员国主权平等、和平解决国际争端、不得使用威胁或武力等原则。[1]

1930年海牙国际法编纂会议关于领水制度的编纂是海洋法编纂作出的初步尝试，使海洋法逐渐文本化和体系化。但由于各国在领海宽度和毗连区宽度的问题上意见不一，会议未能产生领水的公约。[2] 海洋法编纂的过程实质上是国家海洋管辖权扩张、公海作为国际公域范围不断收缩的过程。《杜鲁门宣言》（Truman Proclamation）开启了一些国家对公海近三十年的领土与准领土要求。[3] 该宣言首次在法律层面提出大陆架的概念，这一概念随后在1958年的《大陆架公约》中得到国际法的确认。同时，拉美国家倡导的200海里承袭海概念，也逐步演变为《联合国海洋法公约》中的专属经济区制度，赋予了沿海国对大陆架和专属经济区内自然资源的主权权利。其中，《公海公约》和《领海与毗连区公约》是对既有习惯法的整理与编纂，而《大陆架公约》和《公海捕鱼和生物资源养护公约》则推动了国际法的发展。

联合国成立后，国际法委员会积极推动海洋法的制定工作。1958年的第一次海洋法会议通过了包括《公海公约》、《领海与毗连区公约》、《大陆架公约》和《公海捕鱼和生物资源养护公约》在内的"日内瓦海洋法四公约"。其

---

① 刘钊：《国家在全球海洋治理规则塑造中的地位和作用》，知识产权出版社，2023，第82页。

② 劳特派特修订：《奥本海国际法》（上卷，第二分册），王铁崖、陈体强译，商务印书馆，1989，第26页。

③ Bernard H Oxman，"The Territorial Temptation：a Siren Song at the Sea，" *The American Journal of International Law*，100，no.4，（Oct. 2006）：830-851.

中，《公海公约》和《领海与毗连区公约》是对既有习惯法的编纂，而《大陆架公约》和《公海渔业和生物资源养护公约》是对国际法的发展。[①] 到 20 世纪 60 年代末 70 年代初，联合国大会在处理"和平利用国家管辖外海床和海底"问题时，意识到海洋问题彼此密切相关，需作为一个整体来考量。因此决定召开新的海洋法会议，旨在建立设计国家管辖以外海床和海底及自然资源公平利用的国际制度，包括公海、大陆架、领海、毗连区等制度。从 1973 年到 1982 年，第三次联合国海洋法会议一直持续了十年，最终诞生了《联合国海洋法公约》。

第三次海洋法会议的核心问题是海洋空间和资源管辖区的分配。会议谈判的历史背景是一大批发展中国家独立后，作为新兴力量登上国际舞台。在海洋法领域，这些新兴国家坚决主张各国有权合理确定自己的领海和管辖权，以获得合法的海洋权益。在它们的推动下，联合国大会相继通过了一系列宣言和决议，确认了发展中国家的主张，[②] 并产生了体现发展中国家诉求的海洋法律制度，比如专属经济区制度。同时，《联合国海洋法公约》中的许多条款都作出了向发展中国家倾斜的规定。比如，因"帕多提案"，使国际海底区域[③]作为"人类共同继承财产"的制度。此外，《联合国海洋法公约》还就公海生物资源的保护、海洋环境的维护、海洋科学研究的规范以及国际海底区域的管控等方面制定了相关规定，这些规定超越了传统海洋法中对主权和自由的界定。在这一阶段，各国的海洋活动开始摆脱权力因素的影响，日益重视海洋权利。各国从对海洋主权和权益、战略通道的竞争逐步过渡到对海洋本身的竞争，以争取合理分配海洋空间和海洋资源。

因此，有学者认为，与"日内瓦海洋法四公约"相比，《联合国海洋法公约》不仅关注主权和自由，而且涉及保护海洋环境的共同责任[④]，这为基于责任维度的海洋治理奠定了基础。

---

① Tullio Treves, Law of the Sea, in Rudiger Wolffum, ed., *The Max Plunck Encyclopedia of Public International Law VI* (Oxford University Press, 2012), p. 710.

② 这一系列宣言和决议包括《给予殖民地国家和人民独立宣言》《关于自然资源永久主权之宣言》《关于各国依联合国宪章建立友好关系及合作之国际法原则宣言》等，参见王铁崖、田如萱主编《国际法资料选编》，法律出版社，1981，第 1—10 页、第 20—22 页。

③ 王阳：《全球海洋治理法律问题研究》，武汉大学出版社，2023，第 44 页。

④ Freestone David, "Principles Applicable to Modern Ocean Governance," *The International Journal of Marine and Coastal Law* 23, no.3, (2008): 385-391.

（四）全球海洋治理体系的形成与调整阶段（1982 年至今）

这一阶段也被称为责任维度的治理阶段，强调人类充分保护海洋的责任。1994 年 11 月 16 日，《联合国海洋法公约》正式生效，为全球海洋治理提供了坚实的法制基础，标志着全球海洋治理新时代的到来。该公约致力于构建一种全球"海洋法律秩序"，为海洋治理提供规制框架，旨在确保国际海上通道安全，推动海洋的和平利用，实现海洋资源公平而有效的开发，并加强对海洋环境的研究、保护和保全以及海洋生物资源的养护。同时，结合广泛的国际和区域文书，规定了各个参与主体的权利义务，以及海洋利用的总体目标和原则，以期实现海洋资源可持续利用和人海和谐发展。[1]

这一阶段，人类对海洋的认识极大提升，意识到在开发利用海洋的同时还应保护海洋，从而开启了现代意义上的全球海洋治理进程。全球海洋治理因此受到各国高度重视，进入快速发展时期。各国通过各种途径的对话与交流，在涉海的国际条约、文件和倡议等方面达成了许多共识。

2015 年 9 月 25 日，第七十届联合国大会通过了决议文件《变革我们的世界：2030 年可持续发展议程》。此议程 17 个可持续发展目标中的第 14 个目标是"保护和可持续利用海洋和海洋资源以促进可持续发展"，表明推动全球海洋可持续发展成为全球海洋治理的价值目标。[2] 为贯彻落实第 14 个目标，联合国成立了"海洋大会"（UN Ocean Conference）。[3]

2017 年 6 月 9 日，为支持实施关于海洋的第 14 个可持续发展目标，联合国再次召开会议，通过了《我们的海洋，我们的未来：行动呼吁》的宣言。[4] 这是联合国首次就推进《变革我们的世界：2030 年可持续发展议程》中的单一目标召开会议，进一步推动了与海洋相关的可持续发展目标的落实。此次会议被誉为具有历史性的海洋治理会议，开启了国际社会参与全球海洋治理的新篇章。2020 年 6 月，联合国在欧盟国家葡萄牙首都里斯本举行第二次海洋会

---

① 刘钊：《国家在全球海洋治理规则塑造中的地位和作用》，知识产权出版社，2023，第 116 页。
② 金永明、崔婷：《"海洋命运共同体"对全球海洋治理体系困境的"三维"超越》，《社会科学》2023 第 10 期。
③ 庞中英：《联合国可持续发展目标及其对全球海洋治理的意义》，《人民论坛·学术前沿》2022 年第 15 期。
④ Ana K. Spalding and Ricardo De Ycaza, "Navigating Shifting Regimes of Ocean Governance：From UNCLOS to Sustainable Development Goal 14," *Environment and Society* 11, no. 1, (Sep. 2020)：5-26.

议，进一步推进第 14 个可持续发展目标的落实。[①] 2017 年 12 月 6 日，联合国教科文组织宣布了"海洋科学促进可持续发展十年（2021—2030 年）项目"，该计划于 2021 年正式启动实施。

在国际层面，海洋治理从权利维度向责任维度的海洋治理阶段演进，主要有三点不同：第一，《联合国海洋法公约》最初是区域治理理念下的产物，将全球海洋划分为九大区域。但是这种区域划分和管理海洋的方法，很难解决整体性、系统性和跨界性的海洋问题，需将海洋作为一个整体来看待。第二，权利维度的海洋治理着眼于维护单一国家的海洋权益，而当前海洋问题已成为全球性挑战，需关注国际社会乃至全人类的共同利益。第三，权利维度的海洋治理关注对海洋资源的分配和控制，强调对海洋的开发和利用，而责任维度的海洋治理关注人类活动对海洋的影响，强调人类充分保护和合理利用海洋的责任。

总之，在构建全球海洋治理体系的初期阶段，全球海洋治理的范围持续扩大。国际社会对海洋系统的了解日益加深，全球海洋治理的制度框架设计日趋系统化，多层级的全球海洋治理体系也逐渐形成。

≫≫ 二、全球海洋治理体系的规制变迁

"全球海洋治理"概念最早出现于 20 世纪 90 年代，但与海洋相关的实践活动却拥有悠久的历史。随着人类海洋活动的增多、范围的扩大，人们意识到需要建立一套制度或机制来规范、引导、约束及评估这些海洋活动。在此背景下，海洋规制应运而生。

海洋规制是一种具有明确法律规则的海洋制度和机制。国际机制和国际规制都用"regime"表示，二者含义相同。全球治理和全球海洋治理中"规制"一般也可视为"机制"。国际制度（international institution）与国际机制/规制（international regime）的概念特别容易混淆，二者的区别在于：第一，国际制度的内涵比国际机制/规制要丰富，国际机制/规制可以理解为具有明确规则的制度；第二，国际机制/规制包含原则、规则、规范和决策程序，这些内容与

---

① 金永明、崔婷：《"海洋命运共同体"对全球海洋治理体系困境的"三维"超越》，《社会科学》
2023 年第 11 期。

法律或国际法的内容密不可分；第三，国际机制/规制包含国际组织，国际组织是具有行为能力的国际机制。① 海洋规制作为全球海洋治理的有机组成部分，随着全球海洋治理体系不同历史阶段的演变而变化。从最初为国家利益和需求而产生的海洋规制，到海洋规制逐渐文本化和体系化的过程中，实现了四次历史性的突破：第一次突破是关于领海宽度的讨论；第二次突破是杜鲁门宣言的发表；第三次突破是"帕多提案"的提出；第四次突破是《联合国海洋法公约》的诞生。②

在全球海洋治理的进程中，规制主要在以下四个方面发挥重要作用。首先，清晰界定了各参与方的权益、职责与义务，引导并规范其行为模式；其次，确立了一套价值导向与目标的体系，塑造行为主体的期望，并激发其积极行动的动力；再次，构建了一套沟通、协作与合作的机制，有助于缓解各参与方之间的分歧与冲突；最后，提供了实现全球海洋治理目标的具体策略与途径，为推动各类海洋问题的妥善解决提供了有力支撑。

（一）海洋权力维度阶段的规制

海洋权力维度时期，西欧国家对海洋的控制，是为了保障国家权力的无限扩张，维护其在地区乃至世界的霸权。海洋规则的产生并不依赖于各国之间的协商会议和妥协让步，也不需要各国共同承担维持秩序的责任。

格劳秀斯结合罗马和中世纪法学家的神权法和自然法的概念，提出海洋是可以自由进入的，它不可能成为私有财产。根据《万民法》，任何人都可以进入海洋。他倡导的海洋自由包含航行自由、捕鱼自由和建立在航行自由上的贸易自由。③ 他认为，海洋自由和海洋主权不是对立关系，并在《战争与和平法》中承认大洋自由和沿岸国近海主权，为"公海自由"和"领海主权"的发展奠定了良好的基础。虽然当时他的动机是为了维护荷兰东印度公司的利益，为荷兰在海洋航道的争夺中提供合理依据，但是他的理念具有一定的先进性，是全球海洋治理当之无愧的先驱，海洋自由论拉开了全球海洋治理规制从无到有的序幕。④

---

① 王阳：《全球海洋治理法律问题研究》，武汉大学出版社，2023 年，第 50 页。
② 刘钊：《国家在全球海洋治理规则塑造中的地位和作用》，知识产权出版社，2023，第 82 页。
③ 同上书，第 83 页。
④ 同上书，第 96 页。

约翰·塞尔登的"闭海论"对格劳秀斯的观点进行了反驳。他对格劳秀斯的反对不是基于海洋及其资源的物理学和生物学的特征，而是认为，如果允许其他国家享有海洋自由并开发其资源，那么拥有这片海洋的国家所获得的利润就会减少。这种关切基于对海洋所有权和控制权所获得的利益会因为允许其他国家对该片海域的使用而减少。[1] 两人的争论为后来的海洋治理和资源分配提供了早期的法律基础。

这一时期的治理规制主要包括：一是海洋法规则的最初形态——海洋自由和海洋主权的划分。二是平时海上法，具有代表性的是 1856 年的《巴黎海战宣言》、1899 年的《关于 1864 年 8 月 22 日日内瓦公约的原则适用于海战的公约》等。三是战时海上法。最初的主要表现形式为在海洋商业贸易中，日积月累形成的商业习惯和商业惯例。其中最著名的是海损规则，成为海商法的最古老和最核心的规则。

（二）海洋权利维度阶段的规制

这一时期的海洋规制主要表现为：第一，全球海洋治理法律制度开始确立。这一进程由联合国主导，出台了一系列重要法律文件，其中包括 1958 年的"日内瓦海洋法四公约"及 1982 年的《联合国海洋法公约》。这些公约为全球海洋管理奠定了坚实的规则与制度基础。从早期的"日内瓦海洋法四公约"到后来的《联合国海洋法公约》，海洋法规经历了从习惯法向成文法的转变，法律条款愈发明确和具体。这一转变意味着，国家在海洋活动中的行为不再主要依赖权力和武力，而是更多地基于明确的权利和义务，以实现海洋空间和资源的合理分配。

第二，一些单一议题的海洋治理制度也在逐步完善。例如，在塑料垃圾治理方面，2017 年 6 月，联合国"2030 年可持续发展计划"将防止或减少塑料、微塑料及其他废弃物的排放写入议程，各国家和地区积极响应，纷纷采取行动抵制海洋垃圾污染特别是塑料污染。[2] 在海洋环境及生态保护方面，国际海事

---

[1] John Selden and Marchamont Nedham, "Of the dominion, or ownership, of the sea two books" (London: William Du-Gard, 1652), pp. 1620-1678.

[2] "Overview of Basel Convention", Basel Convention, 2019, accessed March 17, 2020, http://www.basel.int/Implementation/MarinePlasticLitterandMicroplastics/Overview/tabid/6068/Default.aspx.

组织早在 1954 年便通过了《国际防止石油污染海洋公约》,① 1969 年通过了《国际干预公海油污事件公约》,1972 年通过了《防止倾倒废物及其他物质污染海洋公约》,1973 年通过了《防止船舶污染海洋公约》,并于 1978 年进行了修订(即 MARPOL73/78 公约)。此外,在联合国环境署的倡导下,还通过了一系列重要公约,如《生物多样性公约》《濒危野生动植物种国际贸易公约》《物种迁徙公约》《蒙特利尔议定书》等,这些公约奠定了海洋生态环境治理的法律基础。②

第三,全球海洋治理的主要涉海机构初步建立。在《联合国海洋法公约》之前,已经有与海洋治理有关的国际海洋治理机构,主要为:①国际海事组织(IMO),作为联合国的一个专门机构,负责制定国际航运安全、安保和环境绩效的全球标准,为航运业建立了一个公平有效、普遍采用和普遍实施的监管框架。②联合国环境规划署(UNEP),旨在促进世界海洋和沿海环境的保护和可持续管理。③联合国教科文组织政府间海洋学委员会(IOC),是国际性政府间组织,旨在促进各国开展海洋科学调查研究和合作活动。④联合国粮食及农业组织(FAO),涉及对国际性的渔业问题进行定期审查。⑤联合国开发计划署(UNDP),在帮助各国实现可持续发展目标方面发挥着关键作用。总之,这些机构主要涉及海洋航运、海洋环境、海洋科学、海洋渔业等领域,在全球海洋治理机制中发挥着独特的功能性作用。③

在全球海洋治理体系的初创阶段,国际海洋治理的规则与架构逐步确立。这些规则与架构借助国际制度的力量指导和规范海洋治理参与者的行为,通过和平途径协调各方利益、解决冲突,为全球海洋治理的进一步发展奠定了良好基础。

(三) 海洋责任维度阶段的规制

从全球海洋治理的发展历史来看,20 世纪初至 1982 年这个时期内,国际社会开始重视全人类的共同利益和全球利益。在此背景下,形成了一系列海洋

---

① 现已被 MARPOL 73 /78 公约附则一所取代。

② "IMO and the Environment", IMO, 2011, pp. 4-5, accessed April 26, 2019, http://www. imo. org/en/OurWork/Environment/Documents/IMO% 20and%20the%20Environment%202011. pdf.

③ 金永明、崔婷:《"海洋命运共同体"对全球海洋治理体系困境的"三维"超越》,《社会科学》2023 年第 10 期。

环境保护、海洋资源养护和海洋科学研究等新的海洋治理规制。到 20 世纪后半期，联合国大会重点关注环境保护和可持续发展问题，发布了一系列决议和宣言，它们对海洋治理规则的演变与发展起到了重要的补充作用。基于此，环境、生态和可持续发展成为海洋治理规制的关键领域。①

一是建立了海洋治理的运行系统。联合国设立了联合国海洋大会（UN-OC）、国际海事组织（IMO）、国际海底管理局（ISA）、大陆架界限委员会（CLCS）、国际海洋法法庭（ITLOS）、联合国教科文组织政府间海洋学委员会（IOC）及联合国环境规划署（UNEP）等组成的全球海洋治理的国际机构，为实现《联合国海洋法公约》设立的目标发挥了重要的作用。

二是完善了海洋治理的规范体系。在《联合国海洋法公约》框架下，为了规范海洋事务和海洋活动，陆续产生了多个与海洋议题有关的国际协议作为补充，从而使全球海洋治理的法律制度逐渐本文化和体系化。在具体议题方面，主要聚焦于生物多样性、海洋环境和渔业管理等问题。例如，《联合国海洋法公约》第 210 条要求各国应制定法律和规章，以防止、减少和控制由倾倒造成的海洋环境污染。1996 年的《伦敦公约》缔约国会议通过了《伦敦议定书》，要求采取预防措施、禁止一切倾倒（经正式清单特别授权的材料除外）、提高报告要求、制定正式的争端解决程序、重新定义倾倒等，以使其更具适应性和活力。② 1992 年制定的《生物多样性公约》是一项具有法律约束力的多边条约，它提供了详细的生物多样性保护制度，扩展了生物资源的保护内容。1995 年制定的《保护海洋环境免受陆上活动影响全球行动纲领》《联合国跨界鱼类种群和高度洄游鱼类种群协定》也对《联合国海洋法公约》有关内容进行了丰富和补充。③

---

① 王阳：《全球海洋治理法律问题研究》，武汉大学出版社，2023，第 164 页。

② Elizabeth Mendenhall, *The Ocean Governance Regime: International Conventions and Institutions* (Cambridge: Cambridge University Press, 2019), p. 32.

③ 金永明、崔婷：《"海洋命运共同体"对全球海洋治理体系困境的"三维"超越》，《社会科学》2023 年第 10 期。

第五章　全球海洋治理体系的困境及根源

≫ 一、全球海洋治理体系的困境

全球海洋治理的关键在于处理好局部海洋与整体海洋、国家海洋利益与全球海洋共同利益、海洋经济发展与海洋安全以及海洋资源开发与海洋生态的关系。笔者从全球海洋治理主体、治理制度和治理结构三个维度，分析了当前全球海洋治理体系面临的主要困境及其根源。

（一）全球海洋治理体系存在主体缺乏协调性的困境

海洋的流动性、连通性使得海洋事务相互关联、相互影响，因此海洋治理是一项系统性工程。各国在海洋问题上的利益紧密相关，应对海洋引发的全球性挑战时应平衡国家主义和全球主义的利益，在竞争与合作中实现共赢。

《联合国海洋法公约》将海洋分为领海、毗连区、专属经济区、公海等，不同国家享有不同权利的海域。然而，现实情况是，一旦流动的海洋出现海洋污染、台风、自然灾害、海上突发事故等问题，单靠一国的力量很难有效应对，需要各国和各参与主体齐心合力共同应对。

在全球海洋治理领域，治理实践成效不足的根源主要是：第一，西方工具理性主义理念，使治理主体之间很难协商一致、通力合作。全球海洋治理主要受西方工具理性主义的影响，秉持"合则用、不合则弃"的态度，以最大限度地维护本国利益。这种狭隘的理性思维使各国在应对具有跨界性、复杂性、多样性和多重属性的全球海洋问题时，无法共同采取行动。第二，各国治理海洋的意愿和治理能力存在巨大差距，不利于协调一致行动。特别是内陆国、沿海国以及陆海兼备国在海洋治理的诉求与立场上存在显著差异。部分内陆国家视海洋为沿海国家的专属议题，认为全球性问题归属于国际社会，这些问题并不会对本国产生直接影响，因此它们对全球海洋治理的参与度不高。例如，关于 2030 年前保护全球 30%海洋的目标，对于众多发展中国家和最不发达国家及地区来说，无疑是一项艰巨的任务。上述因素共同导致了各国治理能力与治理意愿之间的不匹配，造成整体治理成效不足。

总之，现行全球海洋治理体系深受工具理性主义影响，导致国家中心主义盛行和合作精神缺失，使得国际合作的意愿有所减弱。在海洋资源的开发和利用方面，国家主义倾向与解决海洋问题所需的多边协商合作存在明显的矛盾。由于各国普遍受到工具主义理性思维的制约，很难在行动上达成一致，共同应对海洋挑战。因此，迫切需要一种全新、包容且具有前瞻性的治理理念来引导全球海洋治理，促使各国摒弃偏见、化解分歧、携手合作，共同面对海洋生态破坏、资源过度开采、环境污染等紧迫威胁，共同保护我们宝贵的蓝色地球家园。这种新理念应超越传统的国家中心主义，强调全球视野和共同利益，以实现合作共赢。

（二）全球海洋治理体系存在制度层面缺陷的困境

治理制度在全球海洋治理体系中居于核心地位。《联合国海洋法公约》涵盖了全球海洋治理制度的重要内容，旨在为海洋建立一种法律秩序，它主要在运行系统和规范系统两个方面发挥作用。虽然现有以《联合国海洋法公约》为基础的全球治理体系，在一定程度和范围内实现了海洋可持续性发展目标，但其治理制度仍存在碎片化问题。众多组织均承担海洋治理职能，但各个组织之间职能交叉、重叠，协调性缺失，软硬法交织，使得全球海洋治理离"善治"的目标仍有一定距离。①

全球海洋治理制度的碎片化主要体现在两个方面：第一，在运行系统方面，存在性质各异的海洋治理机构和组织，多样化的制度体系和不同地域授权范围的机制安排，不受单一的国际制度主导。② 复杂的海洋生态系统具有广泛的生物物理联系，而多样化的制度安排仅解决具体海洋问题，或在局部区域有效，不利于综合处理相互关联的海洋问题。部分制度之间的重叠甚至冲突削弱

---

① 章成、杨嘉琪：《百年未有之大变局下的全球海洋治理：变革趋势与中国应对》，《决策与信息》2023 年第 4 期。

② 刘晓玮：《全球海洋治理架构的碎片化：概念、表征及影响》，《中国海洋大学学报》2022 年第 2 期。

了各国遵守法律义务的能力和意识。① 例如，致力于海洋环境保护的国际海事组织（IMO）、国际海洋法法庭等，因权威性和强制力较弱，各组织和机构间缺乏有效的沟通与协作，造成决策重叠、行动分散，以及国际合作的支持不足，致使在海洋生态安全治理上无法形成合力。

阿米塔夫·阿查亚（Amitav Acharya）在研究全球治理时认为，全球治理的碎片化意味着出现了一系列不同性质的国际机构，这些机构的特征（组织、制度和隐性规范）、主体（公共和私人）、空间范围（从双边到全球）以及议题（从具体政策领域到普遍关注）各不相同。② 以渔船为例，国际劳工组织（ILO）有权制定劳工标准。因此，国际劳工组织《2007 年渔业工作公约》适用于商业渔船上的工人，这项国际条约概述了对工作条件的最低要求。而监管实际捕鱼的权力则在很大程度上取决于活动的地点，国家政府或地区渔业机构可以制定捕捞配额、监管渔具等，这体现了治理机制的碎片化。③

第二，在规范系统方面，在《联合国海洋法公约》框架下，一些全球和区域性的海洋公约、条约和规范以及一些单一议题的海洋治理的国际协定在逐步形成和完善。但其在具体领域的实践运用中，由于缺乏协调、跨境协作和资源整合，无法有效应对海洋生态系统的关联性和可持续发展等整体性、系统性问题。全球海洋治理"在很大程度上没有履行其使命，（使海洋）获得有意义的保护"，一个重要原因就是"条约拥挤"，即大量条约超出了各国监督、执行和遵守新义务的能力，这一趋势成为海洋保护的潜在威胁。④

此外，全球海洋治理机制的碎片化困境，一方面无法有效解决海洋的整体性、系统性问题；另一方面，也导致解决问题的效力不足，使得一些重要承诺和目标无法有效实施，削弱了其权威性。

（三）全球海洋治理体系存在"中心—边缘"式的结构困境

全球海洋治理体系中"中心—边缘"式的治理结构表现为：以美国为首

① Al-Abdulrazzak Dalai, G R Galland, McClenachan Loren and J Hocevar, "Opportunities for lmproving Global Marine Conservation Through Multilateral Treaties," *Marine Policy* 86, no. 11, （2017）：247-252.
② 金永明、崔婷：《"海洋命运共同体"对全球海洋治理体系困境的"三维"超越》，《社会科学》2023 年第 10 期。
③ Aletta Mondré and Annegret Kuhn, "Authority in Ocean Governance Architecture," *Politics and Governance* 10, no. 3, （2022）：7.
④ Al-Abdulrazzak Dalai, G R Galland, McClenachan Loren and J Hocevar, "Opportunities for lmproving Global Marine Conservation Through Multilateral Treaties," *Marine Policy* 86, no. 11, （2017）：247-252.

的西方海洋强国占据领导和核心位置，构成治理结构的"中心"；而众多发展中国家、规模较小的国家或新兴经济体则在这一体系中扮演次要角色，处于治理结构的"边缘"。国家在治理过程中占据主导地位，非国家行为体往往处于边缘地位。

第一，以美国为首的西方海洋强国与发展中国家之间的"中心—边缘"式的治理结构。随着全球新兴经济体的快速崛起，全球经济格局显著变化，权力结构也随之调整。然而，现有的全球海洋治理体系具有一定的滞后性，未能体现世界权力结构的变化。全球海洋治理机制由以美国为首的西方海洋强国主导，多倾向于维护这些国家的海洋利益。新兴大国和发展中国家难以有效参与治理议程、制度设计，导致其权益诉求被边缘化，在治理实践中未能充分发挥其应有的作用。发达国家与发展中国家之间仍存在"中心—边缘"的不平等状态。

第二，国家行为体与非国家行为体之间的"中心—边缘"式的结构。非国家行为体既包括全球层面和区域层面的政府间国际组织，如联合国、世界银行、欧洲联盟、东南亚国家联盟、非洲联盟等，也包括地方、国家和国际层次的非政府组织、跨国的公民社会网络及公民社会运动、跨国公司，以及具有重大国际影响力的个人等。[1] 在全球海洋治理的多元参与格局中，国家行为体与非国家行为体均扮演着重要角色。然而，随着治理议题的日益多样化，尽管非国家行为体（如国际政府组织和国际非政府组织）的参与度不断提升，但在现行治理体系中，它们仍处于边缘地位，相对于国家行为体而言其影响力有限。这种地位的不对等限制了非国家行为体在全球海洋治理中的潜力发挥，进而影响了治理的整体成效。由于资源、管理和执行等方面的限制，国际政府组织等非国家行为体在全球海洋治理中难以抵御"国家中心治理"带来的强烈冲击。

---

[1] 叶江：《论当前国际体系中的权力扩散与转移及其对国际格局的影响》，《上海行政学院学报》2013年第2期。

≫≫ 二、全球海洋治理体系困境的根源

（一）利益导向的观念影响了海洋治理主体的协调性

全球海洋治理体系秉承多元、平等、协商、合作四个核心思想，要求各参与主体通过平等协商，协调一致地解决全球性海洋问题。西方海洋大国在海洋治理中坚持的以利益为导向的思维方式，往往导致这些国家采取单边行动，忽视了与其他国家和区域的有效沟通与合作，从而使得全球海洋治理缺乏统一性和协调性。这种情况不仅加剧了海洋资源的过度开发和环境破坏，也削弱了国际社会共同应对海洋挑战的能力。因此，各国迫切需要超越狭隘的利益观，回归全球海洋治理的多元、平等、协商、合作原则，以实现海洋资源的合理利用和生态环境的长期保护。

随着海洋资源的不断开发和环境问题的日益严重，人们开始重新审视海洋的价值和重要性。这种新的认识强调了保护海洋、治理污染和恢复海洋生态平衡的必要性。在此背景下，尽管一些西方发达国家开始逐步调整其海洋治理策略，但仍有部分国家在海洋治理中更偏重经济利益和资源开发，而忽视了对海洋生态环境的保护和可持续性。近年来，以美国为代表的一些西方国家倾向于恢复传统的"控制海洋"思想，将海洋视为自身领土和资源的延伸，在海洋治理中强调主权和国家利益。这导致部分国家对新的治理理念持怀疑态度，更倾向于维护现有的国际秩序和治理框架，导致治理主体之间的行动协调性差。

（二）碎片化的治理影响了海洋立法规制

现有海洋治理制度的一个重要缺陷在于，参与全球海洋治理的各个主体具有不同的价值观和利益诉求，并在此基础上形成了不同的利益集团。由于各主体相对独立且缺乏协同性，因而在治理中各自为政，甚至相互掣肘，导致治理机制碎片化的现象。[①] 例如，在现有的海洋治理体系架构中，海洋渔业资源开发与保护、海洋环境保护、海洋航行效率与安全这三个相互联系的领域，分别

---

① D. Pyc, "Global Ocean Governance," *International Journal on Marine Navigation and Safety of Sea Transportation* 10, no. 2, (2016): 160.

由联合国粮食及农业组织、联合国环境规划署、国际海事组织负责管理。这种专业化的划分使得全球海洋治理不同议题之间存在明显的割裂，进而导致治理机制产生冲突或重叠。[①]

（三）权力政治逻辑影响了海洋治理结构

全球海洋治理体系的传统运作模式深受国际政治格局变迁、国际力量对比变化以及海洋秩序调整的影响，其权力政治的逻辑特征十分显著。事实上，在一些全球性海洋问题的解决过程中，一些中小国家、非政府组织、跨国公司甚至个人，能发挥比大国更积极的作用。例如，《海洋生物多样性协定》是21世纪以来国际海洋治理领域取得的最重要的立法成就，它覆盖了《联合国海洋法公约》尚未详细规定的水域范围，加强了对国家管辖范围以外区域海洋生物多样性的保护和可持续利用，将为国家管辖范围以外的近2/3的海洋提供保护，并解决这些地区存在的不平等问题。[②] 在《海洋生物多样性协定》的谈判过程中，"全球南方"（Global South）[③] 的力量不容忽视。联合国负责法律事务的副秘书长米格尔·塞尔帕·苏亚雷斯（Miguel de Serpa Suarez）指出："全球南方为了集体利益努力推动了海洋法的进一步发展。"[④] 然而，现实情况是以美国为首的西方海洋强国仍旧凭借既有优势，在海洋事务中占据主导地位，拥有更多的话语权和决策权。这导致现有的资源管理和利益分配机制仍然偏向发达国家和大型跨国公司，发展中国家面临资源缺乏和技术不足的局面，难以享有平等的资源权益。

---

① 叶泉：《论全球海洋治理体系变革的中国角色与实现路径》，《国际观察》2020年第5期。

② 李聆群：《"全球南方"在国际海洋治理中的角色——以〈海洋生物多样性协定〉谈判为例》，《亚太安全与海洋研究》2023年第6期。

③ 20世纪80年代，"南方"一词开始频繁出现在国际词汇中。联邦德国前总理威利·勃兰特（Willy Brandt）在题为《北方与南方：一项求生存计划》（North-South: A Program for Survival）的报告中提出，如果按照人均国内生产总值将世界一分为二，那么这条分界线将沿北纬约30°穿过美国和墨西哥，经过北非和中东，向北爬升越过中国和蒙古国，然后向南倾斜，将日本、澳大利亚和新西兰圈进来。线的两边分别是富裕的北方国家和贫穷的南方国家，这就是著名的"勃兰特线（Brandt line）"。该线显示出南方和北方在政治和经济上的巨大差异。

④ 引自联合国法律事务副秘书长米格尔·塞尔帕·苏亚雷斯于2023年6月28日在中国青岛举办的"BBNJ协定成就和展望国际研讨会"开幕式上的视频讲话。

第六章　中国推动全球海洋治理体系变革的路径选择

对于全球海洋治理的路径选择，一是要反思全球治理，因为全球治理为全球海洋治理提供了理论基础，而全球海洋治理是全球治理的丰富和发展，进一步拓展了全球治理的广度和深度；二是深入分析全球海洋治理的困境及根源。通过以上两点，能更进一步地探究全球海洋治理的内在逻辑与发展规律，更好地寻找治理海洋的变革之道。

目前，面对新的全球挑战和全球治理形势，学术界兴起一股关于全球治理的反思之风。2018 年，最早研究全球治理的两位学者 Thomas G. Weiss 和 Rorden Wilkinson 出版了《重新思考全球治理》一书。① G. John Ikenberry 在评论《重新思考全球治理》一书时，使用 "协同"（in concert）一词来说明到底什么是全球治理："发明于 1990 年代的 '全球治理' 一词试图把握多面向的方式。在这些方式中，各国政府、公司（私有部门、行业）、跨国集团、国际组织等在一个相互依存的 '时代协同地工作'（work in concert）。"② 各方为解决或应对共同挑战的协同，就是全球治理。

在 "复杂性" 的全球治理研究方面，罗西瑙作为全球治理研究的先驱，其著作《世界政治研究：理论与方法的挑战》《世界政治研究：全球化和全球治理》代表了他希望向 "全球化世界政治研究"（globalizing the study of world politics）范式的转变，这一转变着重于探讨全球治理的 "复杂性"。安明博提出 "在多元复合世界的全球治理"（Global Goverance in a Multiplex World）③。奥兰·杨格在《多个复合系统》一书中指出，地球已经成为一个由人类主导

---

① Thomas G. Weiss and Rorden Wilkinson, "Rethinking Global Governance," *Foreign Affairs* 98, no. 6,（Nov. 2019）：199.
② 庞中英：《全球治理研究的未来：比较和反思》，《学术月刊》2020 年第 12 期。
③ 庞中英：《全球治理研究的未来：比较和反思》，《学术月刊》，2021 年第 1 期。

的、日益复杂的系统。①

"多头性"（polycenticity）的全球治理研究，是除"复杂性"全球治理研究外，另一个值得关注的研究领域。在多头治理（polycentric governance）模式下，多个中心在诸如气候、海洋、生态等公域议题上复合互动，共同制定并实施规则。关于多头治理的一般理论，奥斯特罗姆指出，真实的世界不是也不可能是"简要世界"，而是"复合世界"。每个复合世界都由"多方相关者"（multi-stakeholders）组成。2019 年 12 月 9 日，安·弗洛里尼提出了"多方相关者主义"（multistakeholderism）。这可以看作一种全球治理的前沿理论。② 多方行动者是指各种相关者，若要解决治理问题，需要各种相关者之间通过谈判或博弈解决。

上述关于全球治理研究的两个领域引起了广泛关注和讨论。张宇燕、任琳在《全球治理：一个理论分析框架》中指出，通过广泛阅读全球治理领域的文献资料，他们发现大多数研究都聚焦于具体领域或特定议题，而对基础理论或概念范畴的深入探讨则相对较少。尤为突出的是，该领域缺乏一个系统的逻辑分析框架以及一套精炼的理论和便于学术交流的概念工具。在全球治理研究的早期阶段，这一领域并未与国际机制研究明确区分，学者们更倾向于使用"国际化"而非"全球化"的表述，且更侧重于国际合作的研究，而非全球治理本身。从研究范式发展的角度来看，随着全球化程度的深入，传统国际合作和国际机制研究已无法涵盖全球治理的内涵和外延，不能提供充分的概念和理论研究基础。当前的全球治理研究，需要面对更加多元化的参与行为体、更加网络化的复合相互依赖状态、规模更大的全球公共产品融资、更多样化的制度

① 奥兰·杨格用的是复数的"复合系统"，就是好多个、各种"复合系统"。奥兰·扬格：《复合系统：人类世的全球治理》，杨剑、孙凯译，上海人民出版社，2019。（*Governing Complex Systems：Social Capital for the Anthropocene*（Cambridge，MA：The MIT Press，2017），p. 279）。
② 奥斯特罗姆的诺贝尔讲座：《超越各种市场和各国：各种复合经济体系的多头治理》，https：/kwww. nobelpize. orgprizeseconomic-sciences/2009/ostromlecture/。

安排。①

关于"全球治理的多元化"问题，曾任新加坡南洋理工大学（NTU）教授、现任澳大利亚迪肯大学国际关系教授的何包钢认为，"新兴力量"和多极化、中国在全球治理中的崛起和全球生产链条的变化，也影响全球治理的变化。②

关于全球治理的反思，主要突出的就是全球治理的复合性、多头性以及多元化，强调复合型的协同和复合相互依存（complex interdependence）。特别是中国等新兴力量逐渐参与到全球治理中，将对全球治理进程产生深远影响。

21世纪的今天，世界上有150多个国家濒海，80%以上的人口居住在沿海200千米的地带。海洋作为国际航运通道、全球海上贸易体系的重要桥梁以及具有丰富的资源储藏量而日益受到重视。然而，人类在用最新的科学、经济技术手段开发海洋和利用海洋的同时，也造成了海洋环境污染、生态破坏、气候变化、海洋物种减少或灭绝、自然灾害频发等不利影响。海洋问题已成为全球性挑战，需要各方的共同努力才能克服。

因海洋治理主体的多元化及治理客体的跨界性与复杂性，在现有的海洋秩序及治理体系下，全球海洋治理面临诸多困境。分析全球海洋治理的困境及根源，对于中国推动海洋高质量发展、深度参与全球海洋治理以及构建海洋命运共同体都具有重要意义。为应对这些困境，需从治理理念、制度、治理结构、目标和效果四个方面进行变革。变革不是取而代之，而是完善现有的治理体制机制，主要表现为：一是转变全球海洋治理的思路，实现合作共赢；二是整合各方资源，优化资源配置，降低治理制度的碎片化程度；三是治理各主要行为体应平衡彼此之间的利益，淡化治理规则的"非中性"现象，建立公正合理的治理结构；四是通过平等协商和对话，推动海洋治理协同发展。随着中国及众多发展中国家海洋意识的增强，它们正积极投身海洋治理实践，引入创新思

① 张宇燕、任琳：《全球治理：一个理论分析框架》，《国际政治科学》2015年第3期，第3页。研究对象复杂化：安全概念多元化、权力概念多元化、利益多元化、治理多层级化。首先，安全的概念已突破了传统军事安全的范畴，包含更为广泛的非传统安全内容。其次，与以往依靠武力手段不同，全球化中的权力争夺方式更为多元化，常常表现为对某些领域内治理规则的控制权。在不同的问题领域，需要协调各方利益。各主权国家、商业利益集团、全球公民社会和国际组织都有不同强度、不同偏好的利益诉求。最后，全球治理措施的落实可能涉及国内和国外两个层次的治理活动。国内政治与全球治理息息相关。
② 庞中英：《全球治理研究的未来：比较和反思》，《学术月刊》2020年第12期。

维，推动各治理主体广泛认同与接纳现行国际海洋治理规则，进而构建一个更为公正合理的海洋法制框架，推动全球海洋治理体系朝着更加"善治"的目标迈进。

中国深度参与、融入全球治理体系可从海洋生态环境治理和海洋安全中的非传统安全两个切入点着手，涉及低政治和相对不敏感领域。具体包括海洋环境保护和治理、推动海洋资源可持续利用以及海上人道主义救援等方面的举措，以此积极承担负责任大国的治理责任，不断提升治理能力。

》》一、理念上，以"海洋命运共同体"为理念基础，超越"工具理性主义"的海洋治理理念

16 至 19 世纪，西方主要海洋强国的崛起之路，本质上是一部围绕海洋进行掠夺与争霸的历史，主要在于对制海权的争夺，即以控制海洋为主题。到了 20 世纪，随着全球各国发展需求的日益增强，各国纷纷将目光投向海洋，竞相开发海洋资源、拓展海洋权益，这一时期的主题转变为海洋的开发利用。与此同时，西方国家接连提出了"海洋自由论""海权论"等符合当时时代发展趋势的海洋理念，为它们在全球范围内扩张海洋霸权构建了制度框架和话语体系。在这种理论与实践相互交织、相互影响的过程中，逐渐形成了以西方为中心的"工具理性主义"等全球海洋治理观念。

西方国家在控制海洋和开发海洋时期的发展理念，主要表现为强权政治的理论内核、冲突对抗的思维模式以及大国中心主义的思维特点。[①] 其背后深受工具理性主义思想的影响，实行零和博弈、排他性竞争，在海洋争夺中占据主导地位，并最大限度地维护本国的海洋利益。中国全球海洋治理及理念的发展经历了一个漫长的过程。这一过程背后映射出的是中国海权观念、理念和意识的历史演变和动态发展，也是中国逐步认识海洋、利用海洋、经略海洋，以提升综合实力，顺应时代要求之举。

位于欧亚大陆东端、太平洋西岸的中国，早在中国古代《尚书·禹贡》中就有"东至于海，西被于流沙"的记载，客观描述了中国负陆面海的地理

---

① 刘叶美、殷昭鲁：《"海洋命运共同体"的构建理念与路径思考》，《中国国土资源经济》2021 年第 7 期。

特征。① 此后，以农耕文明为谋生方式的中国，形成了发达的土地制度以及农本商末的传统。由于商品经济发展缓慢，长期以来，海洋商业活动都只是农业生产活动的补充。

19 世纪以后，西方资本主义国家因商业贸易疯狂进行海外殖民扩张，大力发展海上力量。中国近代海上力量的发展就是这一时代潮流裹挟下的产物。鸦片战争后，中国的仁人志士主张"师夷长技以制夷"，认为应建立强大的海上军事力量。在这一时代背景下，中国开始积极引进先进的机器工业和科学技术，增强海上实力，并着力培养适应近代海军需求的专业人才，从而加速了工业、科技及教育领域的近代化进程。这些措施实质上是一种本能的、消极的防御与抗争，旨在利用资本主义的坚船利炮来维护封建主义落后的生产关系。从根本上说，这是自给自足的小农经济的产物，也是重农轻商、重陆轻海传统思想的直接体现。

当时整个国家的生存、发展主要依靠农耕文明，不需要靠海上贸易来维系，因此中国没有控制海洋以及海洋通道的需求，也就缺乏加强发展控制海洋、保护本国商业贸易的海上军事力量的深层动力。由于没有为争夺海洋控制权而发展海上军事力量的意识，中国丧失了发展海权、振兴国家的大好机遇。归结起来，主要原因有：

第一，经济原因。清政府千方百计地推行"禁海"政策，严格限制对外贸易活动，重农抑商，顽固抵制资本主义商品经济的发展，以维护其封建经济基础。因此，中国的海权发展缺乏来自经济层面的深层驱动力。

第二，政治因素。除了地理位置、自然结构、领土范围、人口数量、民族特性外，政府的性质，即政府及其统治者的特点，也对一国海权的增长和衰亡产生重要影响。中国近代海上力量的发展仅仅是为了发挥"海防的作用"，最终目的是维护统治阶级的政权稳定。

第三，安全因素。中国近代海军的产生是为了防御，因而缺乏资本主义为海外贸易和海外扩张而积极发展海军的原始动力，也就谈不上产生与之相适应的战略、战术和技术。

20 世纪初，西方海权思想开始在中国传播。1900 年，上海的《东亚时报》月刊（由日本乙未会负责主办与发行）开始连载《海上权力要素论》。这篇译作实际上是马汉海权论的奠基之作《海权对历史的影响（1660—1783）》

---

① 张炜：《大国之道：船舰与海权》，北京大学出版社，2011，第 7 页。

的第一章内容。论述和宣传的海权代表人物还包括孙中山和陈绍宽等。孙中山认为，"自世界大势变迁，国力盛衰强弱，常在海而不在陆，其海上权力优胜者，其国力常占优胜"①。抗战时期，林子贞作为《远东日报》总编辑，撰写了名为《海上权益论》的著作，这是中国首部全面阐述海权问题的专著。该书不仅深入对比了陆权与海权，明确界定了海权的概念，并详尽分析了海权对于国防安全的重要性，还广泛介绍了全球各国海权的现状与发展情况。

到 20 世纪 70 年代中期，苏联海军总司令戈尔什科夫提出了国家海洋威力的概念，被称为"海权新论"。该理论主张国家应通过军事手段保护海洋，并以经济手段开发海洋，以维护本国的合法海洋权益。这在某种程度上与当前中国对海权内涵的界定有着共同点。对于中国而言，海权主要体现在海洋权利上，这是根据国家主权、遵循国际法及海洋法的相关规定所获得的正当权益。海洋权力的行使需以海洋权利为准则，而海洋权利的维护与实现则依赖于海洋权力的支撑。

1971 年，随着中国恢复在联合国的合法席位，我国积极参与海洋治理，提出了一系列先进的全球海洋治理理念。② 2012 年，党的十八大提出了建设海洋强国的战略目标和宏伟构想，即要实现"海洋实力雄厚、海洋科技先进、海洋经济发达、海洋环境良好"，"走向海洋"被提升到国家战略高度，成为实现中华民族伟大复兴的重要战略举措。党的十八大报告中也明确提出"合作共赢，就是要倡导人类命运共同体意识"的观念，这成为"人类命运共同体"理念的开端。

2019 年 4 月 23 日，习近平总书记提出了"海洋命运共同体"理念，指出："海洋对于人类社会生存和发展具有重要意义，海洋孕育了生命、联通了世界、促进了发展。我们人类居住的这个蓝色星球，不是被海洋分割成了各个孤岛，而是被海洋连结成了命运共同体，各国人民安危与共。"③"海洋命运共

---

① 潘莉：《地缘战略综合观视野下的中国海权研究》，硕士学位论文，电子科技大学，2012，第17页。

② 这些治理理念有，1972 年 3 月，中国政府代表安致远在联合国海底委员会全体会议上的发言中指出："大小国家一律平等，应该成为解决海洋权问题上各国共同遵循的一项基本原则。在各国领海和管辖权范围以外的海洋及海底资源，原则上为世界各国人民所共有。"2010 年 9 月，第 33 届世界海洋和平大会在北京召开，全国人大常委会副委员长桑国卫在开幕式上再次提出了"和谐海洋"的理念主张。

③《习近平集体会见出席海军成立 70 周年多国海军活动外方代表团团长》，《人民日报》2019 年 4 月 24 日，第 1 版。

同体"重要论述的思想渊源，一方面植根于中国厚重的历史和文化传统，主要源自中国传统哲学中的和合主义思想，强调"和而不同""和合共生"等哲学思想。另一方面主要源自马克思主义唯物史观，着重关注人类的未来与发展，致力于调和人与海洋、人与人之间的矛盾关系。马克思主义认为："人的本质只有在共同体中才能真正实现，理想的共同体应该是个体和共同体辩证统一的社会。"①

"海洋命运共同体"理念的基本内涵是中国提出的关于全球海洋治理的基本立场与方案，它以人类命运共同体理念为思想基础，主张和平平等，以合作共赢、共商共享共治为实践导向。通过执行公平正义的行动准则，实现人海和谐与海洋的可持续发展，即平衡单个国家的利益与国际社会的整体利益，平衡海洋治理各方利益，变竞争思维、零和博弈思维为合作共赢思维。这一理念蕴含深厚的理论内涵，对于加速全球海洋治理的进程具有举足轻重的作用。

世界海洋秩序的多极化已是大势所趋，共同维护和平稳定的国际环境、和平利用海洋是全球海洋治理的时代共识和价值诉求。海洋不仅为各国提供战略物资，也是助力经济全球化的重要纽带。在此背景下，国际海洋法编纂工作取得显著成就，规范各类海上活动的国际法、国际条约、规约日益增多，促进了全球海洋治理的制度化合作。

恩格斯曾说："国际合作只有在平等者之间才有可能，甚至平等者中间居首位者也只有在直接行动的条件下才是需要的。"② 我国经历过自鸦片战争以后的百年屈辱历史，更能深刻体会到和平、平等与发展的珍贵。在这一世界海洋秩序的演变过程中，中国应坚持发出自己的声音，扩大国际话语权，倡导和平平等的价值理念，追求协商合作与共同发展。以海上非传统安全为例，一国的反恐怖主义和反海盗问题可能涉及其他国家的海域，只靠一个国家的单独行动或执法力量难以解决，这反映了国家的共同利益和国际社会的共同责任。未来我国与其他国家的海上安全合作将主要围绕打击海盗和恐怖主义或提供医疗服务和救援工作等方面展开。中国海军从 2008 年 12 月至 2018 年 12 月，组建了 31 批护航编队，在亚丁湾、索马里海域为中外船舶执行护航任务 1190 批

---

① 曹得宝、路日亮：《马克思对个体与共同体关系问题的探索及其价值维度》，《党政干部学刊》2017年第 10 期。

② 马克思、恩格斯：《马克思恩格斯全集》第 35 卷，人民出版社，1971，第 261 页。

次，将"危险海域"重新打造成"黄金航道"。① 中国将自身海洋利益与他国利益相结合，加强了在世界海洋秩序中行动的合法性和正当性，凸显了中国负责任的国际形象，提升了中国在海洋机制及秩序中的国际话语权。

鉴于海洋治理的理念、制度和治理结构上的困境，需要在理念上，以"和平平等"为理念基础，超越"工具理性主义"的海洋治理理念；在制度上，以"合作共赢"为实践导向，克服海洋治理制度中的"碎片化"；在主体结构上，以"公平正义"为行动准则，倡导多边主义的主体治理结构；在目标和效果上，以"人海和谐"为价值追求，推动全球、区域与双边治理的协同发展。

二、制度上，以"合作共赢"为实践导向，克服海洋治理制度中的"碎片化"

大国间的竞争不仅局限于经济等硬实力范畴，还涵盖了制度、理念等软实力层面。约瑟夫·奈（Joseph Nye）在表述软权力时指出："一个国家在世界政治中获得想要的结果，可以是由于其他国家羡慕其价值观、模仿其榜样、渴望达到其繁荣和开放的水平愿意追随之。"② 海洋命运共同体理念是中国深度参与国际海洋法治建设的理念性创新。只有将这一理念嵌入并内化于国际海洋制度中，它才能真正实现从中国倡议到国际共识再到制度性安排的转化，并在实践中不断得到强化。海洋的法律化是一种高度制度化的形式，能在一定程度上规避治理主体的任意或主观行为。

（一）海洋强国战略背景下，提升国内海洋法治建设和海洋管理能力

1. 加快提升我国的海洋法治建设和海洋管理能力

高成本、高技术含量的海洋研究和海洋开发与保护，需要雄厚的国家综合实力作为支撑。2003年，国务院发布《全国海洋经济发展规划纲要》，明确了

① 张宏声：《中国参与全球海洋治理的理念与实践》，海洋出版社，2021，第31页。
② 约瑟夫·奈：《软力量：世界政坛成功之道》，吴晓辉、钱程译，东方出版社，2005，第11页。

将中国打造成海洋强国的战略愿景。此后，在党的十八大报告中，这一目标得到了进一步的强调和明确。因此，中国迈向海洋强国的宏伟蓝图逐步展开并实施。中国海洋强国战略为我国海洋治理能力的平稳、顺利提升铺平了道路，而我国日益增强的综合国力则为海洋强国战略提供了强有力的支撑。

中国拥有众多的海上邻国，作为一个兼具陆地和海洋特征的复合型国家，中国的海洋强国战略提出"陆海"双线并重建设。我国在海洋经济、基础设施、科技研发、安全保障、人才培养和环境保护等多个海洋相关领域均取得了显著进展，这些成就为我国在全球海洋治理体系变革中发挥积极作用提供了强大的内在驱动力。尤为值得一提的是，我国在完善国内海洋法律法规、推动海洋治理体系和治理能力现代化方面，也付出了大量努力并取得重要成果。

当前，我国已经颁布了包括《中华人民共和国海上交通安全法》《中华人民共和国海洋环境保护法》《中华人民共和国渔业法》《中华人民共和国海警法》《中华人民共和国海域使用管理法》《中华人民共和国海商法》《中华人民共和国海岛保护法》在内的一系列法律法规。然而，从法律覆盖的广度来看，我国现有的海洋相关法律体系尚未全面覆盖所有海洋管理职能领域，特别是在海洋安全和海洋安全类立法方面还有待加强。根据1982年《联合国海洋法公约》的标准，中国现行的海洋法律数量尚不足该公约规定总数的55%。从法律的职能角度来看，这些法律往往针对海洋管理的某一特定领域制定，虽然展现了较高的专业性，但也导致了不同职能部门间的利益纷争，使得各项法律之间的协调性不足，并存在管理职责重叠与缺失的问题。为了解决这一问题，可考虑制定一部《联合国海洋基本法》，以全面界定国家的海洋权益；同时，出台《中华人民共和国领海及毗连区法》《中华人民共和国专属经济区和大陆架法》，并修订《中华人民共和国海上交通安全法》《中华人民共和国海洋环境保护法》等相应的实施细则，以填补海洋法律体系中的立法空白。

在执法监督方面，我国目前的海洋管理主要依赖管理机构的内部自查和监察机构的监督，而缺乏体制外部的有效监督。这导致海上执法监督机制尚不健全，尚未构建起一套对海洋执法权力进行全面制约、监督及责任追究的完善体系。监督的缺失往往会导致执法行为的失范、失误或失当等。因此，健全海洋管理的监督机制，确保海洋执法的公正公平，是提升海洋管理体系现代化水平和治理能力的重要保障。

同时，为了进一步提升治理体系和治理能力现代化，需在以下五个方面继续推进。

一是明确和优化政府、市场及其他相关主体之间的互动关系，强调通过协商、协调、合作和协同的方式来进行。同时，确保所有海洋发展和建设活动都遵循法律框架，这是实现有效海洋治理的基础。二是优化海洋改革的体制机制，实现各领域体制建设的统筹规划。在进行国家海洋治理体系和治理能力现代化的战略研究时，应防止管理分散、政策冲突、短视行为及条块分割等问题，科学规划并制定国家海洋治理体制改革的战略蓝图。三是利用财政、行政划分、规划制定及金融等经济手段，促进海洋经济协调和高效发展。四是构建一套全面、有效的海洋跨界合作与交流机制，通过增进沟通与协作，解决冲突与分歧，提升涉海各行业及部门间的发展协同效应，通过互动合作实现海洋利益的最优化。五是全面梳理并总结地方层级在海洋治理改革中的创新实践经验，及时将经过实践检验、成效显著的地方性海洋治理创新举措提炼并推广为国家层级的海洋治理制度，从而从根本上为改革创新提供持续的动力和制度保障。通过以上举措，一方面为海洋强国的建设提供法律保障；另一方面以国家治理实践丰富和发展海洋命运共同体理念，提升其向国际规则转化的速度和成效。

2. 加快提升我国在专属经济区内的执法能力

根据《联合国海洋法公约》的规定，专属经济区是一个特殊的海域，它既不是沿海国家的完全领土，也不是完全开放的国际水域，而是沿海国家和其他国家共同享有某些权利和义务的区域。这种安排在海洋大国追求自由航行与沿海发展中国家强调主权和安全需求之间取得了一种平衡。海洋大国倾向于保持海洋的开放性和自由通行权，而沿海发展中国家则更关注保护其主权和海域安全。

在国际法律框架下，中国在制定海洋政策时，始终将国家安全作为最重要的考虑因素。中国明确指出，专属经济区既不是完全的领土，也不是完全的国际水域，而是一个具有特定管辖权和国家安全功能的区域。为了加强在这一区域的监管和执法能力，中国政府不断完善相关法律法规，加强对专属经济区内外国探测活动的监管，以提高在该区域的海上监控和执法效率。简而言之，中国在专属经济区的管理上，既保障了国家的主权和安全，也维护了国际海洋法下的合法权益。① 为此，中国政府通过制定或修订相关法律法规，管理其管辖海域（包括专属经济区）的各种外国调查活动，以提升其在专属经济区内的海上监控和执法能力。例如，2006 年 5 月 17 日，国务院第 136 次常务会议通过了《中华人民共和国测绘成果管理条例》（该条例自 2006 年 9 月 1 日起开始实施），取代了 1989 年 3 月 21 日颁布的相关法律。随后，2007 年 1 月 9 日，中国又发布了《外国的组织或者个人来华测绘管理暂行办法》。

3. 中国政府在海洋制度方面着力推进适应全球化的政策融合

作为历来重视陆地发展的国家，中国逐渐认识到有效管控海洋资源的重要性，并增强了对自身海域管辖范围内的关注力度。随着专属经济区内开发活动的日益频繁，中国在海洋法律制度方面加大了研究投入，旨在完善国内的海洋法律政策体系。② 为了妥善应对各类海洋挑战，中国不仅优化了海洋管理的基础制度，还在实践中积极吸纳了诸多符合国际法的新要求，确保国内海洋法律政策与国际法律框架相协调、相兼容。为应对各种海洋问题，中国优化了包括基础管理制度在内的海洋法律与政策，并在国内海洋实践过程中，吸收了大量涉及国际法的新诉求，使得国内海洋法律政策与国际法律框架相兼容。

（二）积极参与区域海洋立法和执法实践活动

2018 年，国家海洋局局长围绕深化亚太海洋合作，提出四点倡议：增进全球海洋治理的平等互信；促进海洋产业健康发展；共担全球海洋治理责任；共同营造和谐安全的地区环境。同时提出了亚太地区海洋治理的中国方案。合

---

① 例如，通过《中华人民共和国测绘成果管理条例》（2006 年 5 月 17 日国务院第 136 次常务会议通过，第 469 号国务院令公布，自 2006 年 9 月 1 日起施行），取代 1989 年 3 月 21 日颁布的相关法律。2007 年 1 月 9 日，中国颁布了《外国的组织或者个人来华测绘管理暂行办法》。

② 1982 年，中国投票支持通过《联合国海洋法公约》。1991 年，中国召开首次全国海洋工作会议，并由国家海洋局（成立于 1963 年）和国家计委发布《90 年代中国海洋政策和工作纲要》。1995 年，经国务院批准，国家计委、国家科委和国家海洋局联合发布中国第一部《全国海洋开发规划》。1996 年，全国人大常委会批准《联合国海洋法公约》。1996 年，国家海洋局发布《中国海洋 21 世纪议程》及其行动计划。1998 年，国务院新闻办公室发布白皮书《中国海洋事业的发展》。1999 年，国家海洋局发布《中国海洋政策》。2001 年，全国人大常委会颁布《中华人民共和国海域使用管理法》。2002 年，国务院批准发布实施《全国海洋功能区划》。2002 年，党的十六大提出"实施海洋开发"。2003 年，国务院印发《全国海洋经济发展规划纲要》。2007 年，党的十七大进一步提出"发展海洋产业"。2008 年，国务院批准发布《全国海洋事业发展规划纲要》。

作模式还体现在区域性海洋治理实践中。例如，东南亚国家联盟（ASEAN）建立了"东盟海事论坛扩大会议"（Expanded ASEAN Maritime Forum）① 这种区域合作机制，推动了成员国在海洋安全维护、生态环境保护以及经济发展等领域的沟通与协作。通过此框架，成员国间的利益冲突得到有效调和，并促进了共同政策的制定与实施。

（三）参与国际海洋事务的合作与交流，完善国际海洋法

全球海洋治理的国际准则和机制是在各国海洋管理合作的实践中逐步形成的。到目前为止，国际社会已经陆续采纳了包括 1958 年的《领海与毗连区公约》、《公海公约》、《公海捕鱼和生物资源养护公约》和《大陆架公约》，以及尤为重要的 1982 年《联合国海洋法公约》在内的一系列公约，这些共同构成了以《联合国海洋法公约》为主导的全球海洋治理体系。1982 年《联合国海洋法公约》的颁布与实施，为构建和发展国际海洋新秩序打下了坚实基础。该公约确立的一系列现代海洋规则，有效地推动了海洋自由与控制、分享与独占关系的重新平衡。② 同时，《联合国海洋法公约》是发达国家与发展中国家间利益平衡与妥协的产物，其颁布至今已四十多年，国际环境经历了复杂而深远的变化。因此，各国应团结一致，一方面坚决维护《联合国海洋法公约》的权威，保护以国际海洋法为基础的国际海洋秩序；另一方面，积极寻求并实施海洋治理领域的国际合作新方法。简言之，我们需要在尊重现有国际海洋法律框架的基础上，探索新的合作方式，以适应不断变化的国际海洋环境。

1. 推动国际多方协同（COP），共同解决全球海洋问题

全球治理的复杂性、多头性（多中心性）和多元化特点，决定了各方为解决共同问题或应对共同挑战必须协同合作。那么，如何在全球层面有效治理，以解决多元性、多样性、多头性的复合世界的问题？COP（concert of powers/parties 或者 conference of powers/parties）是一种国际机制（国际安

---

① 东盟海事论坛扩大会议（EAMF）是东盟的 1.5 轨对话平台，截至 2023 年已举办 11 届。该论坛旨在让东盟的对话伙伴和其他利益相关方共同参与，探讨和解决地区海洋问题，包括海上互联互通、海上安全与搜救、海域态势感知和海洋环境保护等。资料来源：https：//asean. org/tag/expanded-asean-maritime-forum-eamf/。

② 陈琦：《论海洋和平、权益、生态发展的中国方案：学习习近平总书记关于海洋问题的重要论述》，《毛泽东邓小平理论研究》2019 年第 2 期。

排），通过这一机制，各参与者、相关者和各国共同讨论、决策和执行全球性问题的解决方案，以实现国际协同。

国际协同包含两层含义：一是权力（国家）之间（尤其是相互冲突的权力）的协作；二是各方为了解决共同问题而召开的大会，即国际会议。无论国际（全球）会议是否达成协定（如气候变化治理《巴黎协定》）并贯彻执行，召开国际会议也比不召开具有积极意义。要鼓励各种 COP（如气候变化的 COP 和生物多样性的 COP）之间的协作，在解决特定的全球议题时，要意识到各种全球问题（全球议题）之间的相互作用。①

2. 增强海洋议程设置能力和话语权，凝聚全球共识

在构建全球海洋治理体系的过程中，海洋强国往往凭借其优势地位，发挥关键的引领作用。它们提出符合自身海洋利益的制度理念、原则及设计方案，并凭借自身强大的威慑力迫使其他国家追随。然而，当前的强权政治与西方中心论已不合时宜，无法有效解决全球性的海洋挑战。因此，各国应倡导具有前瞻性和广泛吸引力的海洋治理新观念，提供高品质的海洋公共产品，以提升在国际海洋事务中的影响力和领导力。

在全球海洋治理需求日益迫切、社会智库亟须更广阔参与空间的背景下，中国向海洋强国迈进的过程中，社会智库的参与和贡献尤为关键。凭借其非官方、专业和开放的组织特性，社会智库能够保持相对中立的立场，积极参与国际议程的塑造，深入参与全球海洋治理实践，发挥独特的作用。为了有效推进全球海洋治理，需要具有全球影响力的社会智库提供专业的、权威的咨询服务，提出具有国际视野的战略决策方案。因此，增强我国社会智库在全球影响力、国际话语权以及智力公共产品供给方面的实力显得尤为重要。这要求社会智库不仅要积累深厚的专业知识，精准把握并构建热点议题，还要通过提供高质量的智力成果，塑造并引导舆论环境，实现信息的有效传播。同时，积极搭建交流平台，推动议题朝制度化方向发展，最终确保其能够纳入正式议程讨论。

同时，我国通过多种途径参与全球海洋事务的决策过程，积极建言献策。例如，在 2021 年 12 月 10 日于英国伦敦举行的国际海事组织第 32 届大会上，中国再次成功当选 A 类理事国，这已是连续第 17 次获此殊荣。1999—2020

① 庞中英：《全球治理研究的未来：比较和反思》，《学术月刊》2020 年第 12 期。

年，我国向国际海事组织的各个层级（包括大会、理事会、各委员会等），提交了773份提案，占A类理事国提案总数的9%。这一系列行动不仅展现了我国参与国际海洋治理的积极态度，也体现了我国在提出中国方案、增强海洋治理能力和构建海洋话语权方面的不懈努力和显著成效。

我国应密切关注全球海洋治理的最新动态，确保不掉队。在加强专业知识积累的同时，针对远洋海洋保护区构建、海底资源开发利用、两极地区活动等关键议题，应做好充分的能力与舆论准备。在适当时候，在联合国框架下倡议并举办特定领域的国际会议，推动设立国际海洋常设机构，引领全球海洋规则的制定与完善。我国应从较为低敏感的海洋合作领域着手，逐渐深化至联合执法层面，以提供优质的公共产品为基础，切实增强我国在海洋治理方面的实力与效能。长远来看，我们的目标是实现海底资源的共同开发、海洋政策的协调发展等涉及主权的核心敏感领域，在全球海洋治理体系中坚持公平与正义的原则，发挥引领作用。在遵守现行国际秩序与规范、尊重国际法及国际责任的前提下，我们应充分利用现有的国际海洋对话平台，不仅积极参与，更要努力引导新规则与新秩序的构建。

3. 参与国际海洋事务的具体实践活动

中国政府积极参与国际海洋事务的合作与交流。随着中国对外开放的发展、国际影响力的提升和海外利益的扩大，作为一个负责任的大国，中国政府在国际海洋事务的交流与合作中，采取了更为积极的态度和方式。具体包括：参与了一系列与海洋相关的联合国不限成员名额的非正式协商会议；参与了涉及海洋航行安全、海洋环境保护、海洋事务国际合作与协商等方面的海洋法讨论。[1] 中国政府认识到在海洋安全领域，选择合作以获得双赢是极为有效的手段。因此，中国以更积极的姿态参与各项国际合作与交流，并定期参加国际论坛，与海上邻国就相关海洋事务进行磋商，签署公告并发表声明。[2] 中国以建设强大的海上力量和管理、经略海洋的能力作为基础，实行以合作安全理念为主的海洋外交政策，在东亚地区和世界海洋事务中发挥日益重要的作用。中国致力于与各国分享发展机遇和成果，在全球多边主义合作基础上实现共同治

---

[1] 薛桂芳：《中国与海洋法——以中美海事合作为视角》，《China, the United States, and 21st Century Sea Power——中国、美国与21世纪海权》，海洋出版社，2014，第154页。

[2] 同上。

理，在全球海洋治理中形成互利共赢的命运共同体。

三、主体结构上，以"公平正义"为行动准则，倡导多边主义的海洋治理主体结构

《联合国海洋法公约》是在发展中国家力量日益崛起的背景下，在发达国家和发展中国家相互妥协的基础上达成的。《联合国海洋法公约》主张建立公平公正的海洋秩序，以照顾全人类的利益和需求，特别是发展中国家的权益。在全球海洋治理中，应坚持公平正义，摒弃"零和"思维。我国在海洋资源的开发利用中，坚持义利相兼、以义为先的原则，力求实现本国利益的同时，也兼顾发展中国家、全球南方国家、小岛屿国家，以及非政府组织、国际组织等非国家行为体的利益诉求。[①]

（一）在全球海洋治理中坚持以公平正义为行为准则

全球海洋治理中的权力逻辑导致资源分配不均、环境破坏加剧、小国和弱国的声音被忽视等问题。因此应根据各行为体在海洋治理方面的实际能力和贡献来分配权力和资源，使所有有能力且愿意为海洋治理作出贡献的行为体都能获得相应的地位和权益。同时，能力逻辑下的海洋治理不仅关注国家行为体，还重视非国家行为体（如国际组织、非政府组织、企业等）的作用，形成了一个更加开放、包容的治理体系。

通过充分发挥非政府组织、国际组织等的作用，建立多边主义、组织化、网络化的治理体系，确保所有国家和地区，无论大小、强弱，都能在海洋资源的可持续利用与保护中享有平等权利并承担相应责任。非国家行为体作为一股不可忽视的力量，在全球海洋治理体系中扮演着日益重要的角色。它们凭借灵活性、专业性和深入基层的能力，构建起一个组织化、网络化的合作体系。这一体系不仅促进了信息交流与资源共享，还增强了政策倡导与执行能力，有效弥补了政府间、国家间合作中的一些不足，推动全球海洋治理朝更加公平公正和高效的方向发展。

---

① 张宏声：《中国参与全球海洋治理的理念与实践》，海洋出版社，2021，第42页。

（二）公平分担全球海洋公共产品供给责任

全球海洋公共产品简单来说是由主权国家和非国家行为体共同提供和使用的、用以解决各类海洋问题和塑造良好海洋秩序的、各种有形的和无形的公共性产品的统称。[①] 虽然全球海洋治理是一个相对较新的命题，但其在实践过程中也同样存在着一些困境，而这些难题在全球海洋公共产品的供给与管理上表现得尤为突出。全球海洋公共产品之所以重要，是因为它是应对全球海洋挑战不可或缺的有效手段。全球海洋公共产品可依据不同标准进行分类：一种分类方式是根据其对人类活动的约束程度，分为具有强制约束力的制度性公共产品和以精神引导为主的精神性公共产品；另一种分类方式则围绕全球海洋治理的核心目标，将全球海洋公共产品划分为旨在实现公正合理的海洋治理秩序、维护清洁美丽的海洋环境，以及保障和平稳定的海洋安全形势等三大类别。[②]

由于各国在领土规模、综合实力、经济发展水平及海洋地理位置等方面存在显著差异，全球海洋公共产品的供应与利用呈现出明显的不平衡状态。在全球海洋治理的体系下，无论是通过霸权模式独占公共产品供应，还是一味追求权益分配上的"绝对均等"，都可能进一步恶化现有的不平等状况。因此，应防止海洋强国将公共产品供应作为国际竞争或争夺霸权的工具。海洋强国在追求国家权益与生存空间时，需自觉承担起与其地位相匹配的供给责任。同时，各国应依据自身的发展水平、实际能力和国情特色，主动承担相应的责任，携手推动构建一个以平等、互利和互惠为原则的海洋治理体系，通过多边主义的协商与合作，实现全球海洋资源的最优配置，促进海洋资源的可持续发展。

随着发展中国家综合实力的增强，其在全球海洋治理体系中的地位正发生转变。曾经处于全球治理和海洋治理边缘的国家，如今正逐步获得参与并推动全球海洋治理变革的能力，进而向海洋治理体系的核心迈进。海洋的流动性赋予了其国际公共产品的特性。根据海洋治理的能力逻辑，一个国家在国际公共产品上的贡献和影响力，直接决定了该国在该领域的话语权和影响力。随着发展中国家对海洋权益认识的不断深化，它们对全球海洋治理的贡献日益增大，所提供的公共产品也日益丰富。

[①] 崔野、王琪：《全球公共产品视角下的全球海洋治理困境：表现、成因与应对》，《太平洋学报》2019 年第 1 期。

[②] 同上。

≫≫ 四、目标和效果上，以"人海和谐"为价值追求，推动全球海洋治理的协同发展

确立统一的全球海洋治理目标至关重要，这是构建全球海洋治理体系的首要环节。设定治理的目标，需要汇聚全球海洋治理的共同价值观，培育正确的海洋伦理观，形成顺应时代要求的全球海洋观念。全球海洋治理的价值观，是设定治理目标的内在依据。全球海洋治理目标是一个结构体系，在目标设置的过程中要注重提高目标的清晰度和可操作性，才能制定出合适的全球海洋治理目标。

我国需要将宏大的愿景细化为具体、可量化的指标，如海洋生态保护区的面积比例、海洋污染减排的具体目标、渔业资源可持续利用的标准等，确保各国在实施过程中有明确的参照和衡量标准。同时应鼓励科技创新在海洋治理中的应用，利用先进的海洋探测技术、大数据分析、人工智能等手段，提升对海洋环境的监测能力、预测精度和治理效率。科技创新不仅能为全球海洋治理目标的制定提供科学依据，还能为实现这些目标提供强有力的技术支撑。

(一) 平衡好我国海洋产业和海洋发展的关系

第二次世界大战后，世界性的市场逐步形成，国际贸易进一步发展，各国的经济联系日趋紧密，对海洋运输的依赖性进一步增强，海洋成为人类生存的第二空间。一方面，海洋的通道作用仍在前所未有地被利用。另一方面，伴随着人类征服海洋的步伐，人们对海洋作用的关注从其作为商品流通的桥梁转向其本身的资源价值及经济价值。海洋问题与现代国家利益紧密相关，由此产生了"海洋权益"这一新概念。它包括海洋主权和权利（属于政治范畴）及海洋利益（属于经济范畴）。海洋已成为国家战略的重大问题之一，任何沿海国家的兴盛都离不开对海洋政治、经济权益的统一筹划。但是由于当时科学技术和海洋开发手段有限，世界各国对海洋的开发利用的程度相对较低。

进入 21 世纪以来，海洋争夺的焦点已发生转变。以往，海洋的争夺主要聚焦于海洋作为重要战略通道或交通要道的属性，以及由此衍生的军事和战略意义。然而，新世纪以来，这种争夺更多地转变为对海洋资源本身的直接争

夺。苏联海军总司令戈尔什科夫早在 20 世纪 70 年代就指出，"二战"以后世界海洋形势发生了变化，随着科技的发展，如何全面开发海洋、把海洋资源转换为国家财富已成为主要目标。这也是海洋大国争夺海权、称雄海洋的本质表现。[①]

自 1989 年起，世界商品出口贸易开始迅速发展，从 20 世纪 80 年代稳定的约 2 万亿美元贸易值增长到 2007 年接近 14 万亿美元。在此期间，中国经济的快速增长对世界贸易的总增长贡献巨大：中国的出口货值从 1989 年的 500 多亿美元增长到 2006 年的 9700 亿美元。这些统计数字只能说明部分事实。[②]正如一位学者所述，将工厂从世界的一个地方迁往另一个地方，从生产角度看是一场零和游戏，但从贸易角度看将带来附加流量。1995—2005 年，贸易增长至少是生产增长的 3 倍。为适应全球贸易的发展，中国仅千吨以上的中国籍船舶就有 1870 艘，拥有目前世界上最大的国家船队，此外还包括 296 艘在中国香港登记的船舶。由于巨大的贸易量和贸易额，以及由此产生的其他附属贸易，对于我国来说，世界航道安全至关重要。

根据《联合国海洋法公约》的规定，中国有近 300 万平方千米的管辖海域，还在太平洋国际海底区域拥有 7.5 万平方千米具有专属勘探权和优先开采权的多金属结核矿区。这些"蓝色国土"能长期为我国提供 60% 左右的水产品、20% 以上的石油和天然气、约 70% 的原盐、足够的金属，每年还可以为几亿人口的沿海城镇提供丰富的工业用水和生活用水。[③] 2013 年 5 月 8 日，《中国海洋发展报告（2013）》首次包含了"中国海洋经济发展趋势的预测及发展前景的展望"，引起了社会广泛关注。预测的主要内容包括海洋生产总值、主要海洋产业和沿海地区海洋经济发展前景三大部分。中国海洋经济的发展主要呈现以下三个特点：

第一，战略性海洋新兴产业：海洋经济"新增长点"。

随着劳动力趋海集聚和科学技术的高速发展，近海资源作为服务型生产要素的重要性日益凸显，而实物型生产要素的占比则在逐渐降低。海洋产业的发展重点已从以往的高资源消耗、高污染的传统产业，转向注重海洋第一、二、

---

① 张炜著：《大国之道——船舰与海权》，北京大学出版社，2011，第 253 页。

② 彼得·A.达顿：《指引航向：中美海军开展合作，促进治理与安全》，《China, the United States, and 21st Century Sea Power——中国、美国与 21 世纪海权》，海洋出版社，2014，第 167 页。

③ 马志荣：《海权意识重塑：中国海权迷失的现代思考》，《中国海洋大学学报》2007 年第 3 期。

三产业的全面协调发展，特别是强调发展高技术含量、低能耗且环境友好的新兴海洋产业和服务业。近十年来，战略性海洋新兴产业在海洋经济中展现了最快的增长速度，其整体年均增长率超过了28%。展望未来，海洋高技术产业基地与科技兴海基地将成为推动海洋经济发展的关键模式。同时，深海资源的开发、海洋经济的绿色转型以及海上安全保障等战略性海洋新兴产业，将成为中国海洋经济新的增长点。

第二，海洋经济质变趋势：海洋发展"新常态"。

传统的海洋资源主要包括航行、捕鱼、制盐这三方面，而现今的海洋资源涵盖了旅游、可再生能源、油气、渔业、港口以及海水这六大领域。通常情况下，海洋产业被划分为三大类别：第一产业主要涉及海洋渔业，包括捕捞和养殖；第二产业则涵盖海洋油气开采、海盐生产以及滨海砂矿开采；第三产业则主要包括海洋交通运输和滨海旅游及娱乐活动。从全球的发展趋势来看，海洋经济正在经历从传统上以第一产业为主导，向以第二、三产业为主导的转变，并且产业内部结构也在持续优化升级。

总体而言，我国海洋科技与产业，特别是在产业结构与布局上发展水平不高，海洋产业在国内生产总值中的占比远低于发达国家10%至20%的平均水平。从统计数据看，我国海洋产业结构比例由"七五"初期的51：16：33，优化升级到2004年的30：24：46，2009年显著提高至5.9：47.1：47。海洋产业结构逐步实现高级化，但与一些发达国家海洋经济第三产业占比超过60%的平均水平相比，仍有明显差距。

根据中国国家海洋局发布的《2021年中国海洋经济统计公报》显示，2021年全国海洋生产总值首次突破9万亿元，达90385亿元，同比增长8.3%，占沿海地区生产总值的15.0%，对国民经济增长的贡献率达8.0%，成为拉动国民经济的重要引擎。产业结构持续优化，三次产业比例调整为5.0：33.4：61.6，第三产业占比显著提升。新兴产业表现亮眼，海洋电力业海上风电新增并网容量同比增长450%，累计装机容量跃居全球首位；海洋生物医药业、海水利用业增加值分别增长18.7%和16.4%。传统产业加速转型升级，海洋渔业通过结构优化和技术推广实现提质增效，海洋船舶工业新承接订单量激增147.9%，彰显高端装备制造能力提升。在经济步入"新常态"的背景下，我国海洋经济保持了稳健发展，产业结构得到了进一步优化，发展重点也逐渐从追求规模和速度转向注重质量和效益。过去十年，随着国内社会经济的蓬勃发展和国际局势的不断演变，我国海洋经济发展所面临的内外部环境均发生了显著变化。在此背景下，推动高质量的"蓝色GDP"增长，对于促进海洋生态文明建设、加强海洋强国战略的重要性愈发凸显，海洋经济发展正逐步展现出"新常态"的特征。

现阶段，我国海洋经济发展迎来了重要的战略转型期。习近平总书记在建设海洋强国战略的重要讲话中，特别强调要"着力推动海洋经济向质量效益型转变"①。海洋经济发展进入了产业结构持续优化、战略性新兴产业迅速起步、新型产业形态加速涌现的新常态。

第三，海洋开放外向性交流：海洋合作"新特征"。

中国梦寓含着和平、发展、合作与共赢的愿景，中国坚定不移地走和平发展道路，并致力于构建互利共赢的国际关系。随着经济全球化的不断深入，我国海洋经济呈现出更加鲜明的开放性和外向性特征。

构建"21世纪海上丝绸之路"成为推动我国海洋经济深化改革、促进海洋产业结构优化升级的重要引擎。借助这一平台，我国能够更有效地拓宽人才、技术及资金等市场要素的流通途径，深化海洋经济的国际合作与交流。同时，"21世纪海上丝绸之路"也将为亚洲的全面发展注入强大活力，通过携手亚洲新兴国家共同进步，推动国际海洋秩序朝着更加公平、合理的方向演进。

（二）提升我国海洋开发管理水平与海洋控制能力

和平状态下，海洋开发管理水平与海洋控制能力是衡量海洋强国最重要的两大指标。当前，人类对海洋的开发利用已进入工业化阶段，各国间的海权竞争越来越集中于开发和利用能力，谁的开发能力强，谁就有可能占得先机，从而获得更广阔的海洋空间。

中国既是一个陆地大国，也是凭借管理海洋事务的传统，在全球海洋事务中发挥积极作用的海洋大国。随着中国经济的快速发展，中国越来越依靠海洋与外部世界紧密联结在一起。在参与国际社会的过程中，中国遵循了许多普遍规范和共同行为，并高度重视非传统安全议题。作为海外利益迅速增长的发展中国家，中国正肩负起越来越多的维护其周边海域安全及应对自然灾害、非传

---

① 深入学习贯彻习近平新时代中国特色社会主义思想 学习贯彻习近平总书记关于海洋强国战略的重要论述 加快推进海洋经济高质量发展，http：//www. cppcc. gov. cn/zxww/2024/07/01/AR-TI1719817971090371. shtml。

统安全的责任。在海洋资源开发与利用方面，中国应立足近海资源，放眼全球，努力成为全球领先的海洋经济大国。

中国应建立与各部委的对外联席会议制度，以及与其他相关政府部门的军事联络机制，加强与相关部委和军队各部门的协调、交流与合作。现有各种资源，包括专业能力和社会力量、军队以及地方政府应把与海洋力量有关的不同类型的部门整合在一起。目前，管理海洋事务的权力已分散到政府的若干部门，海洋力量则涵盖海监、海事、渔政、海关及海洋军警（现在称为公安边防海警部队）等，这些部门分属不同政府机构，共享行使海洋法律的半军事能力，职能常有重叠，使得中国在应对海上挑战时效率不高。因此，中国政府应建立一个统一管理和指挥的海洋执法部门。

在打击海盗和国际恐怖主义方面，基于国际海事局（international maritime bureau，IMB）发布的《海盗及海上武装劫船报告（2023）》，该报告记录了60起海盗和武装抢劫事件，比2023年同期（65起）有所减少。根据报告显示，当前国际海盗活动呈现三大显著特点：其一，地域集中性与热点区域性。索马里沿岸、西非几内亚湾、东南亚海域及孟加拉国吉大港锚地等区域成为海盗袭击高发地带，对全球航运安全构成严重威胁。其二，暴力升级与犯罪手段多样化。海盗袭击中针对海员的暴力事件显著增加，且犯罪手段日趋复杂，包括劫持船只、武装抢劫及新型劫持模式等。其三，组织严密性与政治经济关联性。海盗活动背后往往存在复杂的资金、武器和情报支持网络，并与恐怖主义融资、非法资源开采等政治经济问题存在潜在关联，进一步加剧了其危害性和治理难度，亟需国际社会通过强化情报共享、联合执法及经济制裁等综合手段协同应对。

从2008年至2023年12月27日，中国海军先后接力派出45批护航编队、150余艘次舰艇、3.5万余名官兵，累计安全护送包括12艘世界粮食计划署船舶在内的1600余批7200余艘中外船舶，成功解救、接护和救助遇险船舶70余艘，其中近50%是外国船舶；护卫的数千艘船舶中，近半数为外国船舶，成为维护亚丁湾水域和平安全的重要力量。

在采取人道主义救援政策方面，"人道主义"一词在中国以往的传统外交中很少使用。2005年，中国政府在发布的《2004年中国人权事业的进展》白皮书中明确指出："中国政府视人民的生命安全高于一切。"保障人民的生存权利是中国人权的一个最重要的部分。此外，还有非传统安全领域的问题，如传染病、海啸、飓风、沙尘暴等超越国界的自然灾害，需要在人道主义的理念下进行跨界合作。

随着"人道主义行动"成为中国外交政策中的一项新的政策理念和外交实践，它逐渐出现在中国外交的议程上。中国政府把它视为合作安全的一个重要组成部分。特别是海上人道主义救援，在中国的国际海上合作安全实践中发挥着越来越重要的作用。在一系列海上双边合作中，中国已将"海上人道主义搜救"置于核心地位，提高中国的海上人道主义救援能力，与各国积极开展各种类型的合作，已经成为中国海洋外交与安全政策的一个重要部分。

中国正越来越积极地参与到国际海上安全事务中，这推动了中国政府制定关于海上搜救的相关政策，并基于这些政策，颁布了具体的法律法规、管理措施及规定。特别是在 2004 年东南亚和印度洋海啸灾害之后，中国政府深刻认识到，为了有效应对跨国性的海上自然灾害，必须制定强有力的援助计划，并加强多边国际合作。

2005 年 5 月 22 日，中国成立了由国务院相关部门和军队有关部门组成的部际海上联合搜救系统，以协调各部门的海上搜救工作。该系统的具体执行机构——中国海上搜救中心，负责搜救行动的组织、协调与指挥工作。根据中国海上搜救中心汇编的数据，2024 年，全国各级海上搜救中心在海上应急救援领域展现出强大的组织协调与应急响应能力，全年共组织、协调搜救行动 1516 次，协调派出搜救船舶 11620 艘次，派出飞机 458 架次，成功救助中外遇险船舶 832 艘、遇险人员 8422 人，搜救成功率达 95.7%。这一海上搜救系统是响应《国际海上人命安全公约》的要求而建立的。同时，在国际合作方面，中国已加入相关国际海上搜救机构，并掌握了先进的搜救技术。2006 年 1 月，中国政府正式颁布了《国家海上搜救应急预案》，这标志着中国政府首次全面系统地实施了海上人道主义救援政策。

此外，中国还建立了海上搜救法律体系。人道主义搜救的法律应既依据国内法，也依据国际法，特别是中国已正式加入的双边和多边的国际法。中国已正式加入或缔结了一些国际公约和条约，[①] 并履行了相应的国际人道主义义务。中国政府还取得了一些双边成就，如《中美海上搜救协定》《中朝海上搜救协定》等。所有这些文献构成了中国参与国际海上安全合作的法律基础。中

---

① 相关的国际公约有：《日内瓦公约》《联合国海洋法公约》《国际海上人命安全公约》《国际民航公约》《国际海上搜寻救助公约》。

国已在重要的海上搜救特定方面更广泛地参与了国际安全管理机制。

近年来，我国在充分利用海上力量的基础上，积极参与国际海上人道主义救援合作。这既是保障中国公民海上安全的有效手段，也是加强中国与邻国乃至海外海上合作伙伴合作的新的切入点。中国积极救助周边国家的沉船和其他海上灾害的受灾者，为周边国家带来实惠，提升了中国的国际形象。同时，中国与其他国家一起参与海上搜救行动，有利于提高中国处理海事的能力及中国海军的能力，保障了中国公民在海上的安全，也为邻国在加强海上安全方面带来了巨大的好处。

在利用"标准计量"提升我国海洋软实力方面，习近平指出，提高国家文化软实力，要努力提高国际话语权。为此，要加强国际传播能力建设，精心构建对外话语体系，发挥好新兴媒体的作用，增强对外话语的创造力、感召力、公信力，讲好中国故事，传播好中国声音，阐释好中国特色。① 美国哈佛大学教授约瑟夫·奈说过，"如果一个国家可以通过建立和主导国际规范及国际制度，从而左右世界政治的议事议程，那么它就可以影响他人的偏好和对本国利益的认识，从而具有软权力，或者制度权力。""标准计量"已成为国际通用的"技术语言"，具有显著的国际性。在这一领域，各国既紧密合作，又激烈竞争。一方面，各国都渴望掌控标准计量的制定权，以主导和塑造全球或区域的产业和技术发展；另一方面，建立相互认可的技术标准和采用统一的检测方法，又成为互利合作的基础，这是国际社会广泛接受的"游戏规则"，也是国家软实力的重要体现。因此，在遵循国际法和国际关系准则的前提下，探索创新中国的话语表达方式，提升话语能力和技巧，对于维护我国的国家利益具有至关重要的意义。

通过海洋标准计量的国际化进程，我国能够潜移默化地传播海洋治理理念，为海洋产业、产品、技术和工程等"走出去"搭建桥梁，成为推动区域安全、经济合作和文化交流的关键手段，逐步确立技术优势，有效提升我国的海洋软实力和全球海洋治理能力。

中国在海洋计量方面拥有雄厚的技术储备，已建立覆盖全国海洋专用量值的计量标准和量值溯源体系，涵盖水温、波浪、流速流向、盐度、压力、潮位、浊度、叶绿素、CO_2 等 14 个关键海洋观测参数。其中，6 项技术达到国

---

① 人民日报新知新觉：努力提高中国国际话语权，http：//opinion. people. com. cn/n1/2017/0516/c1003-29277135 html。

际先进水平，8 项处于国际中等水平。此外，我国还初步构建了海洋标准物质体系框架，并具备一定规模的海洋标准物质研制和生产能力。目前，获批的国家一、二级海洋标准物质种类已接近 200 种。在海洋标准化领域，我国成立了 7 个海洋专业技术委员会及分委会，发布了 87 项海洋国家标准和 263 项海洋行业标准，为海洋资源开发、权益维护、综合管理、环境保护、防灾减灾以及科学研究等提供了重要的技术支撑和质量保障。

海洋标准计量的成功实践，使我国在全球海洋治理舞台上发挥了积极作用。2012 年，中国成功承建并顺利运行了世界气象组织和政府间海洋学委员会的亚太区域海洋仪器检测评价中心，赢得了国际组织的高度认可。同时，我国还主办了四届亚太区域检测技术研讨会，其影响力已覆盖亚太、非洲及加勒比海地区，充分展现了我国在海洋计量质量领域的技术实力。此外，我国还成功组织了首届全球海水盐度国际比对活动，初步实现了主导海洋仪器国际比对话语权、引领全球海洋仪器计量比对发展的目标。

（三）增强我国海洋文化和海洋意识的传播

在海洋文化的培育与传播方面，首先，通过系统的教育，培养学生的海洋观念、海洋意识和海洋责任感。其次，媒体和社交平台应成为传播海洋文化的重要渠道。利用电视、广播、网络、社交媒体等多媒体手段，广泛宣传海洋文化的丰富内涵和独特魅力，展示海洋生态系统的美丽与脆弱，提高公众对海洋保护的认识和关注度。最后，政府和社会各界应共同努力，为海洋文化的培育与传播提供有力的支持和保障。政府可以出台相关政策措施，鼓励和支持海洋文化产业的发展；社会各界也应积极参与海洋保护事业，共同推动海洋文化的繁荣与发展。通过全社会的共同努力，我们可以让海洋文化深入人心，成为推动全球海洋治理目标实现的重要力量。

结　语

地球由广袤的海洋和相对狭小的陆地组成。由于人类主要聚居在陆地上，我们对海洋的认知和利用相较于陆地明显滞后。在"地理大发现"这一历史转折点之前，人类对海洋的了解相对肤浅，因此难以形成具有主导性或深刻影响的海洋观念。

工业革命的到来为船舶制造与航海技术提供了全新的物质和技术基础，这使得人类能够利用大型远航船只开拓海洋的新领域，将原本作为阻隔的海洋转变为畅通的交通要道。因此，那些率先经历工业革命的欧洲沿海国家迅速崛起为商业中心，并凭借强大的海上力量进行殖民扩张。在此背景下，一种主流的海洋观逐渐形成，其核心观念认为：海洋是连接各地的便捷通道，通过充分利用海洋资源，发展海上贸易，扩大对外经济交流，同时国家应积极支持远航探险，以探寻财富并拓展殖民地。这一阶段，因商业贸易和航行的需要，逐渐产生了商业惯例，也叫平时法。由于航道对控制原料产地、殖民地的重要性，西欧海上强国对海洋通道的争夺日益激烈，频繁爆发冲突。为了调停这些国家之间的利益纷争，国家海洋主权的理念开始萌生，古希腊、古罗马时期的海洋自由逐渐让位于海洋主权，海洋治理的规制也开始出现雏形。

全球海洋治理体系的历史演进分为四个阶段。一是全球海洋治理体系的萌芽阶段（远古时代至15世纪前）。古希腊、古罗马时期，海洋被视为无主物，主要为了满足鱼盐之利、舟楫之便，实行海洋自由。二是全球海洋治理体系的探索阶段（15世纪至20世纪初），也称为权力维度的治理阶段。15世纪的地理大发现，使得海洋成为联通世界的重要航道。由于垄断航道能够带来丰厚的利益，西班牙、葡萄牙、荷兰、英法等西欧海洋强国主要依靠武力和军事手段对海洋行使排他性权力，争夺对海洋航道的控制权，海洋自由逐渐让位于海洋主权。三是海洋治理体系的兴起阶段（20世纪初至1982年《联合国海洋法公约》的产生），也称为权力维度的海洋治理阶段。随着西方国家的殖民扩张，为了获取殖民地和原料产地，公海作为国家空间共同体的地位，符合这些国家的最大利益。各国主要依靠海洋法律规制展开对海洋的竞争，从对海洋主权和权益、战略通道的竞争到对海洋本身的竞争，海洋主权逐渐让位于海洋自由。四是全球海洋治理体系的形成与调整阶段（1982 年《联合国海洋法公约》之后至今），也称为责任维度的海洋治理，其核心特征表现为海洋治理制度的进一步完善，特别是在治理理念和目标层面上的调整。具体表现为，治理主体从主权国家扩展至国际社会共同体，治理对象从传统国家管辖海域延伸至公海、国际海底区域等人类共同继承财产，治理议题从单一的海洋权益争夺升级为海洋资源可持续利用、海洋生态环境保护、海洋科学研究合作等全球公共议题等。这四个阶段见证了人类对海洋认识的不断深入和不同历史时期的海洋治理特点。随之也使海洋治理的规制不断发生变化。

在理论层面，全球化进程的加速以及全球海洋问题的日益增多等催生了全球海洋治理的需求，而治理理论与全球治理理论则为全球海洋治理奠定了坚实的理论基础。全球海洋治理是一个由目标、参与主体、作用对象、规则制度及实施效果等五个关键要素构成的完整系统。其实践路径主要包括主权国家间的合作模式、国际政府组织的引领作用、国际非政府组织的补充支持，以及国际规则的强制约束作用。综上所述，海洋治理体系的架构主要包括：一是参与海洋治理的各类行为体，其特征是多元化；二是海洋治理面临挑战，其特征是跨界性；三是全球海洋治理的制度，主要是国际海洋法和国际文件等，其特征是公平性；四是多层级的海洋治理格局；五是全球海洋治理的实施路径及方式方法等，其特征是多样性；六是全球海洋治理的目标和效果，其特征是公共性。概括起来就是多元化的治理主体、跨界性海洋问题、公平性的治理制度、多层级的治理格局、多样式的治理方式、公共性的治理目标和效果。

综上所述，全球海洋治理体系是指在全球海洋治理进程中，多元化行为体相互联系、相互影响和相互作用，形成治理目标、治理制度、治理结构和治理行为的集合，最终构成一个复杂的治理系统。

关于全球海洋治理的理论基础，笔者采用了詹姆斯·罗西瑙提出的"两枝理论"。这一全球主义范式非常适用于全球海洋治理，主要具有以下特征：第一，权威的分散化。涉海治理权威向两个方向转移：垂直向其他层面转移和水平向非国家行为体转移。第二，治理的层次化。层次化的治理应分为地方海洋治理、国家海洋治理、区域海洋治理和全球海洋治理四个层级。第三，治理方式的跨界协同。跨界协同主要指掌握不同信息与技术的主体间可以实现资源的优化配置，有助于缓解海洋"治理碎片化"问题。第四，达成共识的协商性。权威的分散、层次化治理和跨界协同，要求在处理和解决全球性海洋问题时具有协商精神。而多元化的治理网络，要求各行为主体在协商一致的基础上最终达成共识，进行合作治理，这是实现全球海洋治理的基本途径。上述特征集中反映了全球海洋治理体系多元、平等、协商、合作的四个核心思想，这些核心思想构成了全球海洋治理的理论基础。

在法律层面上，全球海洋治理的制度主要包括国际海洋法和各类国际文件及其所包含的主要原则。国际海洋法方面，主要包括《联合国海洋法公约》和其他所有的涉海国际条约；国际文件（国际"软法"）方面，主要包括联合国及其所有所属涉海机构、其他国际组织、重要的国际会议所达成的国际共识，通常以决议、决定和倡议等方式呈现。

全球海洋治理的制度体系由四重维度构成：一是形成了以《联合国海洋法公约》为核心，以涉海国际公约、协定、议定书等正式法律形式为主，以联合国声明、谅解备忘录、国际组织的决议及行动计划等不具备正式法律效力的涉海国际协议为补充的全球海洋治理的国际规则；二是形成了由联合国框架下的联合国海洋大会、国际海事组织、国际海底管理局、大陆架界限委员会、国际海洋法法庭、联合国教科文组织政府间海洋学委员会及联合国环境规划署等组成的全球海洋治理的国际机构；三是形成了为治理特定海洋领域问题而成立的全球海洋治理的国际政府间组织及国际非政府组织；四是形成了涉及各个海洋治理领域的国际会议和国际安排等一系列全球海洋治理的国际机制。

在实践层面上，由于对海洋的过度开发，加上综合环境恶化对海洋的影响，人们对海洋的认识开始发生转变，重新认识海洋的重要性。人们逐渐认识到，海洋是人类生存环境的重要依托。过度开发海洋，使海洋遭受严重污染，这不仅危及海洋生物的生存，而且破坏了海洋本身的生态和循环，进而影响到人类的生存环境。特别是气候变化使南北极冰盖融化，海平面上升，海水温度升高，这将对整个地球的生态环境造成灾难性影响。

参 考 文 献

[1] 罗西瑙.没有政府的治理:世界政治中的秩序与变革[M].张胜军,刘小林,等译.南昌:江西人民出版社,2001.

[2] 奈,唐纳胡.全球化世界的治理[M].王勇,门洪华,等译.北京:世界知识出版社,2003.

[3] 赫尔德,麦克格鲁.治理全球化:权力、权威与全球治理[M].曹荣湘,龙虎,等译.北京:社会科学文献出版社,2004.

[4] 撒迦利亚.海洋政策:海洋治理和国际海洋法导论[M].邓云成,司慧,译.北京:海洋出版社,2019.

[5] 阿库斯特.现代国际法概论[M].朱武奇,等译.北京:中国社会科学出版社,1981.

[6] 科斯.论生产的制度结构[M].盛洪,陈郁,等译.上海:上海三联书店,1994.

[7] 诺思.制度、制度变迁与经济绩效[M].刘守英,译.上海:上海三联书店,1994.

[8] 奥尔森.集体行动的逻辑[M].陈郁,郭宇峰,李崇新,译.上海:格致出版社,2010.

[9] 萨缪尔森,诺德豪斯.经济学:上[M].高鸿业,等译.北京:中国发展出版社,1992.

[10] 沃尔夫.市场或政府:权衡两种不完善的选择:兰德公司的一项研究[M].谢旭,译.北京:中国发展出版社,1994.

[11] 边永民.渔业补贴与渔业资源保护:现状和未来[J].法治研究,2011(8):44-52.

[12] 俞可平.全球化与国家主权[M].北京:社会科学文献出版社,2004.

[13] 周鲠生.现代英美国际法的思想动向[M].北京:世界知识出版社,1963.

[14] 周海忠.国际海洋法[M].北京:中国政法大学出版社,1987.

[15] 《国际法资料选编》编写组.国际法资料选编[M].北京:法律出版社,
1982.

[16] 韩雪晴,王义桅.全球公域:思想渊源、概念谱系与学术反思[J].中国社会
科学,2014(6):188-202.

[17] 吴健,马中.科斯定理对排污权交易政策的理论贡献[J].厦门大学学报
(哲学社会科学版),2004(3):21-26.

[18] 田清旺,董政.关于庇古与科斯外部性校正理论初探[J].国家行政学院学
报,2005(2):77-78.

[19] 董利民.北极理事会改革困境及领域化治理方案[J].中国海洋法学评论,
2017(2):227-240.

[20] 刘宏焘.评卡梅尔·芬利《海里所有的鱼:最大可持续产量与渔业管理的
失败》[J].全球史评论,2018(1):217-220.

[21] 郑英琴.全球公域的内涵、伦理困境与行为逻辑[J].国际展望,2017,9
(3):99-115.

[22] 吴少杰,董大亮.1945年美国《杜鲁门公告》探析[J].太平洋学报,2015
(9):98-106.

[23] 郭文路,黄硕琳,曹世娟.个体可转让配额制度在渔业管理中的运用分析
[J].海洋通报,2002(4):72-79.

[24] 白洋.配额捕捞制度的实施类型及优缺点分析[J].世界农业,2014(2):
79-84.

[25] 崔野,王琪.全球公共产品视角下的全球海洋治理困境:表现、成因与应对
[J].太平洋学报,2019(1):60-71.

[26] 傅梦孜,陈旸.大变局下的全球海洋治理与中国[J].现代国际关系,2021
(4):1-9.

[27] 章成.北极治理的全球化背景与中国参与策略研究[J].中国软科学,2019
(12):17-29.

[28] 张佳梅,罗建波."一带一路"与中国国际话语权建设[J].中国领导科学,
2020(4):51-56.

[29] 章成.大西洋海区海洋划界争端的法律解决路径探析[J].河南财经政法
大学学报,2022(5):67-80.

[30] 邵红燕,章成.气候变化对低海拔岛屿国家的影响及法律应对:从土地退

化的角度评析[J].法制与经济,2021(11):76-82.

[31] 冯寿波.消失的国家:海平面上升对国际法的挑战与应对[J].现代法学,2019(2):177-195.

[32] 杨泽伟.新时代中国深度参与全球海洋治理体系的变革:理念与路径[J].法律科学,2019(6):178-188.

[33] 俞云飞.中国提交 IMO 提案的分析及相关建议[J].中国海事,2021(11):64-66.

[34] 郑实.美国"航行自由行动"的法理根基与双重本质:兼论中国的因应之道[J].武大国际法评论,2020(1):35-54.

[35] 段克,余静."海洋命运共同体"理念助推中国参与全球海洋治理[J].中国海洋大学学报(社会科学版),2021(6):15-23.

[36] 崔野,王琪.中国参与全球海洋治理研究[J].中国高校社会科学,2019(5):70-77.

[37] 王阳.全球海洋治理:历史演进、理论基础与中国的应对[J].河北法学,2019(7):164-176.

[38] 马金星.科技变革对全球海洋治理的影响[J].太平洋学报,2020(9):1-15.

[39] 郑海琦,胡波.科技变革对全球海洋治理的影响[J].太平洋学报,2018(4):37-47.

[40] 钟书华.深刻理解、奋力践行科技发展新理念[J].决策与信息,2021(1):16-17.

[41] CLYDE S.Ordering the oceans:the making of the law of the sea[M].Toronto:University of Toronto Press,1987.

[42] GROOMBRIDGE B,JENKINS M D.Global biodiversity:earth's living resources in the 21st century[M].Cambridge:World Conservation Press,2000.

[43] LARKIN P A.An epitaph for the concept of maximum sustained yield[J].Transactions of the American fisheries society,1977,106(1):1-11.

[44] ARNASON R.Conflicting uses of marine resources:can ITQs promote an efficient solution? [J].Australian journal of agricultural and resource economics,2009,53(1):145-174.

［45］ PANAYOTOU T.Territorial use rights in fisheries［J］.FAO fisheries and reports,1984,289:153-160.

［46］ KORMAN S.International management of a high sea fishery:political and property:rights solutions and the Atlantic bluefin［J］.Virginia journal of international law,2010,51(3):697-748.

［47］ WYMAN K M.From fur to fish:reconsidering the evolution of private property［J］.New York university law review,2005,50(1):117-240.

［48］ KRISCH N,KINGSBURY B.Introduction:global governance and global administrative law in the international legal order［J］.European journal of international law,2006,17(1):1-13.

［49］ KINGSBURY B,KRISCH N,STEWART R B.The emergence of global administrative law［J］.Law and contemporary problems,2005,68(3/14):15-61.

［50］ JACOBS M J.United States participation in international fisheries agreements［J］.Journal of maritime law and commerce,1974,6:471-529.

［51］ WILLIAMS E W,COASE R H.The regulated industries:discussion［J］.American economic review,1964,54(3):192-194.

［52］ BUCHANAN J M,VANBERG V J.The politicization of market failure［J］.Public choice,1988,57(2):101-113.

［53］ US Commission on Marine Science,Engineering and Resource.Our nation and the sea:a plan for national action［R］.Washington D.C.:US Government Printing Office,1969.

［54］ DAVIS J W.A critical view of global governance［J］.Swiss political science review,2012,18(2):272-286.

［55］ HALPERN B S,WALBRIDGE S,et al.A global map of human impact on marine ecosystems［J］.Science,2008,319:948-952.

［56］ CERUTTI F.Two global challenges to global governance［J］.Global policy,2012,3(3):314-323.

［57］ METCALFE K,AGAMBOUÉ P D,AUGOWET E,et al.Going the extra mile:ground-based monitoring of olive ridley turtles reveals Gabon hosts the largest rookery in the Atlantic［J］.Biological conservation,2015,190:14-22.

［58］ WILHELM T,SHEPPARD C R C,SHEPPARD A L S,et al.Large marine protected areas-advantages and challenges of going big［J］.Aquatic conservation:marine and freshwater ecosystems,2015,24:24-30.

［59］ MCCREA-STRUB A,ZELLER D,SUMAILA U R,et al.Understanding the cost of establishing marine protected areas［J］.Marine olicy,2011,35(1):1-9.

［60］ KLEIN C,MCKINNON M C,WRIGHT B T,et al.Social equity and the probability of success of biodiversity conservation［J］.Global environmental change［J］.2015,35:299-306.

［61］ BAN N C,FRID A.Indigenous peoples' rights and marine protected areas［J］.Marine policy,2018,87:180-185.

［62］ PEREIRA J M,KRÜGER L,OLIVERIRA N,et al.Using a multi-model ensemble forecasting approach to identify key marine protected areas for seabirds in the Portuguese coast［J］.Ocean and coastal management,2018,153:98-107.

［63］ O'BRIEN K,WHITEHEAD H.Population analysis of Endangered northern bottlenose whales on the Scotian Shelf seven years after the establishment of a Marine Protected Area［J］.Endangered species research,2013,21:273-284.

［64］ LI Y,FLUHARTY D L.Marine protected area networks in China:Challenges and prospects［J］.Marine policy,2017,85:8-16.

［65］ FULTON E A,BOSCHETTI F,SPROCIC M,et al.A multi-model approach to engaging stakeholder and modellers in complex environmental problems［J］.Environmental science and policy,2015,48:44-56.

［66］ TONIN S.Citizens' perspectives on marine protected areas as a governance strategy to effectively preserve marine ecosystem services and biodiversity［J］.Ecosystem services,2018,34:189-200.

［67］ PERERA-VALDERRAMA S,HERNÁNDEZ-ARANA H,RUIZ-ZÁRATE M Á,et al.Temporal dynamic of reef benthic communities in two marine protected areas in the Caribbean［J］.Journal of sea research,2017,128:15-24.

［68］ ISLAM G M N, TAI S Y, KUSAIRI M N, et al.Community perspectives of governance for effective management of marine protected areas in Malaysia ［J］.Ocean and coastal management, 2017, 135:34-42.